喵星人快乐指南
轻松给予猫主子健康美好生活

留博彦　郭岚忻◎著　吉吉◎绘

北京科学技术出版社

U0217561

中文简体字版 © 2023 年，由北京科学技术出版社有限公司出版。

本书由四块玉文创有限公司正式授权，经由 CA-LINK INTERNATIONAL LLC 代理，北京科学技术出版社有限公司出版中文简体字版本。非经书面同意，不得以任何形式任意重制、转载。

著作权合同登记号　图字：01-2021-4324

图书在版编目（CIP）数据

喵星人快乐指南 / 留博彦，郭岚忻著；吉吉绘 . — 北京：北京科学技术出版社，2023.1

ISBN 978-7-5714-2545-6

Ⅰ . ①喵…　Ⅱ . ①留…　②郭…　③吉…　Ⅲ . ①猫病 – 防治 – 指南 Ⅳ . ① S858.293-62

中国版本图书馆 CIP 数据核字（2022）第 159718 号

策划编辑：刘　超　张心如		电话传真：0086-10-66135495（总编室）	
责任编辑：刘　超		0086-10-66113227（发行部）	
责任校对：贾　荣	网　　址：www.bkydw.cn	
责任印制：李　茗	印　　刷：北京宝隆世纪印刷有限公司	
图文制作：史维肖	开　　本：710 mm × 1000 mm　1/16	
出 版 人：曾庆宇	字　　数：200 千字	
出版发行：北京科学技术出版社	印　　张：15.75	
社　　址：北京西直门南大街 16 号	版　　次：2023 年 1 月第 1 版	
邮政编码：100035	印　　次：2023 年 1 月第 1 次印刷	
ISBN 978-7-5714-2545-6			

定　　价：98.00 元

京科版图书，版权所有，侵权必究。
京科版图书，印装差错，负责退换。

仅以此书献给我的米亚（Miya）

2009年4月20日至2014年12月4日

序言1
让猫奴接触正确的
宠物医疗信息

　　每当在诊室碰到带小猫来体检和打疫苗的新手猫奴时，身兼医生与猫奴双重身份的我总有好多关于猫咪健康养护的信息和饲养心得想跟猫奴分享！无奈宠物医院的工作忙碌且紧凑，短短几十分钟的接诊，实在无法完整地、巨细无遗地向猫奴讲解猫咪的各种常见疾病与饲养技巧。幸而有这本由郭岚忻和留博彦这两位专精猫咪养护的医生合著的指南。本书根据猫咪的不同年龄阶段整理出各个阶段猫奴需要注意的猫咪饲养和护理重点，涵盖了猫咪常见疾病与行为问题，有助于各位新手猫奴从容应对猫咪饲养过程中的各种问题。此外，本书插画的绘者吉吉也是一位宠物医生，因此书中的插画不仅富有趣味，而且对各种医疗细节的描绘专业到位，猫奴可以通过这些插画了解宠物医院的真实情况。

　　作为同样致力于撰写医学科普文章的医生，我深知在接诊之余搜集资料撰写文章的不易，尤其是在这个互联网信息泛滥的时代，撰写文章时除了要破除各种似是而非的宠物喂养观念，还要核实自己文章中的各项信息来源是否可靠。这本书提供了许多来自国外的兽医学会的专业建议，便于各位猫奴接触正确的宠物医疗信息。

　　期待本书的出版能够为新手猫奴答疑解惑，使宠物医生与猫奴在沟通猫咪健康状况时更加高效。

——张义圣

核心动物医院院长 / 脸书账号"兽医好想告诉你"共同主笔

序言2
按照郭医生的书养猫，
最得心应手

"郭医生的养猫指南完胜奶奶的养猫经验。"这是作为营销人，我推荐这本书的最佳理由。

在这个互联网时代，想必你在浏览一些看起来过于"有福气"的小朋友和过于胖嘟嘟的喵星人或汪星人的网络梗图时，也会遇见网友留言调侃："这一定是奶奶养的！"

本书通过浅显易懂的语言，带你认识猫咪生命中的 6 个阶段，并配以可爱的插画，帮助你给予各个阶段的猫咪最恰当的照顾，不让猫咪沦为"奶奶养的"。

新手妈妈界有一句令人不禁莞尔的戏言：第一胎照书养，第二胎当猪养，第三胎随便养。这句话其实要表达的是经验的重要性。我相信郭医生每次为猫咪接诊时，都能感受到这些"爸妈"对猫咪的关心与期待。因此，有一本能帮助猫咪的新手"爸妈"迅速掌握"养娃"重点的工具书是很重要的。

本书帮助你了解猫咪在各个成长阶段可能会遇到的大小琐事，从初期幼猫驯化到猫奴们最害怕面对的中老年猫疾病的预防与治疗都巨细无遗，让你轻轻松松地照书养。有了这本书，即使你是新手"爸妈"也能像面对"二胎"和"三胎"那样从容，在养猫路上渐渐得心应手。

郭医生是我见过与认识的网红中，对小动物最有耐心的一位，关于这一点，许多在她那里看诊的猫奴都深有同感。不仅如此，郭医生也是对于前沿的专业知识学习最认真积极的一位，每每国内外有什么新的药品或是关于宠物的前沿资讯，她总是迫不及待地研究，积极地与其他同行分享认识，并且不厌其烦地核实信息来源的可靠性。

现在，郭医生把她掌握的知识与过去的经验集结到了本书中，希望你日后带喵星人出门时，路人见到它一定会说的话是：

"这一定是按照郭医生的养猫指南饲养的猫咪。"

——卡马创意整合有限公司 总经理

序言3
每一位养猫人
必备的工具书！

近年来，猫咪无疑是数量增长最快的"伴侣动物"！更多的人与猫同住，对猫产生兴趣，这是一件好事，但很多问题随之而来，让人无所适从。

在这个网络社群发达、数字信息剧增的时代，我们不难发现，网络上有太多真假难辨的信息，对于如何养猫、如何治疗猫咪疾病、猫咪该吃什么……难以提供准确的指导。宠物临床医生备受谷歌医生（Dr. Google）的挑战，卫生医疗信息不再是临床医生说了算，他们还要不厌其烦地回应诸如"但是论坛上说……""但是我看的博客说……"这样的问题。相较于网络上无从得知作者专业背景的文章，"岚医生"（Dr. Lan）（郭岚忻和留博彦共同主笔的脸书账号）具有相对较高的可信度：郭岚忻和留博彦都是一线的宠物临床医生，他们分别拥有澳大利亚和新西兰兽医学院（Australian and New Zealand, College of Veterinary Scientists, ANZCVS）的猫科院士资质与国际猫科医学协会（International Society for Feline Medicine, ISFM）的"进阶猫行为学"资质认证，是真正的猫咪专家。

说起我和"岚医生"的渊源，除了因工作相识外，我们差不多同一时间开始经营脸书账号，早期我也有幸与他们合作过几篇文章。除了脸书、博客，"岚医生"不仅投入了大量时间和精力制作医疗科普影片，还成立了兽医期刊的分享社团，定期分享最前沿的宠物医疗资讯，我时常感受到他们对于实证医学的重视和优化宠物医疗的热忱。在我撰写特定领域的宠物医疗科普文章时，"岚医生"也是我最信任的咨询对象。

本书涵盖猫奴感兴趣的各种主题，从幼猫至老年猫各生命阶段的养护方针及常见猫咪疾病的治疗建议，十分全面。全书文笔流畅，层次清楚，逻辑严谨。书中的建议来自最前沿的研究且有科学依据，不存在过时的或是错误的信息，让人十分安心。

最后，很值得一提的是，本书的插画来自一位我非常欣赏的插画家——吉吉，她本身拥有兽医专业的学士与硕士学位，才华横溢，又是一位彻头彻尾的猫奴。书中的插画将猫咪的动作神态、行为举止，以及宠物医院的医疗行为勾勒得惟妙惟肖，既准确又幽默，能让人以轻松的方式获取知识，这是本书的另一大亮点！

这本书绝对是每一位养猫人必备的工具书！

——兽医老韩（Shawn Han）

自序
为了让猫咪更好，
持续传递正确知识

印象中是在大学二年级的暑假吧，我开始养猫，当时完全是一个新手。我遵循朋友及养猫前辈的建议，开始了看似有模有样的猫奴生活。猫咪为我的生活带来了许多色彩，不管是在我阅读时趴到书本上吸引我的注意力，还是钻进被窝里为我暖被，它都着实让身为新手猫奴的我感到快乐与满足。

随着时间的推移，我大学毕业，成了宠物医院的临床医生。除了猫奴的身份，我还多了临床宠物医生的身份，忙碌的临床工作让我开始忽略自己的猫咪。2014 年年底，我的一只猫咪米亚因脂肪肝在医院过世。虽然我是宠物医生，也在医院看过许多生离死别，但直到米亚因病离世的那天，我才知道，原来我没有办法平静地与米亚道别。那是无法言喻的心痛与悲伤。我记得那一天，我的手如有千斤重，机械地整理好米亚，然后忍着泪水和即将崩溃的情绪，继续接诊。那是我人生中最为沉重、最为灰暗的一天。

接下来有好长一段时间，我的生活记忆都是空白且不连续的。我陷入这样的情绪中，直到遇见郭医生，我才被她拉出了深渊。倒不是因为她很会安

慰人，而是遇见了她，让我有机会知道自己的渺小，重新沉淀自己。我制定并着手实现新的目标："我想为猫咪做些事情。"这一目标激励着我。我和郭医生待在澳大利亚的几年，郭医生取得了澳大利亚和新西兰兽医学院猫科院士资质，我取得了国际猫科医学协会"进阶猫行为学"资质认证。在此期间，除了自我精进外，我们也在思考能为猫咪做些什么。我们的一个想法就是希望传递正确的猫咪饲养观念，让不管是新手还是经验丰富的猫奴都可以了解正确的猫咪饲养知识。虽然我们的信息更新速度不及互联网上陈旧且错误的猫咪饲养信息传播速度，但我们相信，未来一定会有更多的人愿意持续传递正确的知识，那时受惠的一定是所有的猫咪。愿这本书可以为所有的猫奴及猫咪带来帮助，增进猫咪的健康。

留博彦　郭岚竹

前言
在成为猫奴之前：
执猫之手，与猫偕老

　　我们先来认识猫咪的 6 个生命阶段，这 6 个阶段是根据猫咪在生理和行为上的发育成熟程度，以及与年龄相关的变化和常见疾病划分的，并获得了美国猫科医生协会（American Association of Feline Practitioner，AAFP）和美国动物医院协会（American Animal Hospital Association，AAHA）的认可。这样的划分有助于为猫奴针对猫咪生命的各个阶段提供合理的建议，使猫咪得到更好的照顾。当然，猫咪存在个体差异，会有不同的成长速度或是发生各种疾病，所以本书对于猫咪 6 个生命阶段的划分只能作为参考而非绝对。

幼猫（出生至6月龄）

猫咪一脸稚嫩的阶段，大致相当于人类从出生至 11 岁。这一阶段的猫咪与其他动物及人的互动接受度高，最适合进行社会化训练和猫咪性格塑造。

青少年猫（7月龄至2岁）

充满活力的阶段，大致相当于人类 12 岁至 24 岁。随着猫咪生理上的成熟，它们与其他动物及人类间的互动可能会减少，并可能开始出现攻击行为。

成猫（3岁至6岁）

体态趋于稳定的阶段，大致相当于人类 25 岁至 40 岁。

熟龄猫（7岁至10岁）

这一阶段猫咪的基础代谢开始下降，容易"横向发展"，需特别注意体态的控制，大致相当于人类 41 岁至 56 岁。

中老年猫（11岁至14岁）

　　这一阶段猫咪的体重增加趋缓，甚至开始减轻，与年龄有关的疾病也常在此阶段出现，大致相当于人类 57 岁至 72 岁。

老年猫（15岁以上）

　　这一阶段猫咪的肌肉量会开始显著减少，体重可能减轻，较难增重，大致相当于人类 73 岁以上。此阶段生活品质的维持相当重要。

目录

第1章 幼猫期：提前准备，奠定基础

第2章　青少年猫期：提供良好的环境，让猫咪健康成长与学习

第3章 **成猫期：** 定期检查，
                     预防可能的疾病

第4章　熟龄猫期：为迈入老龄做准备

第 **1** 章

幼猫期

提前准备，奠定基础

　　幼猫期是奠定将来猫咪与人、事、物关系基础的重要阶段，也是预防传染病、建立预防保健体系的关键阶段。因此，幼猫期相当重要！

猫生的重要课题——幼猫社会化
把握猫咪最佳的社会化时机

猫咪天生的领域意识让其接触新事物变得极为不易。幼猫社会化能够为猫咪未来的社交行为表现带来极为正向的影响，不仅能塑造猫咪友善的性格，也能帮助猫咪更快地适应环境变化。

"社会化"（Socialization）是指猫咪形成社会依附的过程。猫咪的学习能力基本上一直存在，但学习能力的高峰期在猫咪 2~7 周龄这个范围。在这个时期，幼猫学习辨识生活环境中接触到的生物，与之互动和产生联系等社交学习的过程被称为"幼猫社会化"。因此，我们又称 2~7 周龄为猫咪的"敏感期"（Sensitive Period）。对现今的家猫来说，其接触的生物不只有人类，还包括家中可能出现的其他猫咪和其他宠物。幼猫社会化的过程能为猫咪未来的社交行为表现带来极为正向的影响，因此，在幼猫的敏感期让其接触各种不同的社交刺激，对猫咪来说是非常重要的，甚至可以影响猫咪建构中的基因倾向，让其性格向自信且友善的方向发展，避免侵略性行为的发生。幼猫社会化也能让猫咪在未来的生活中更好地面对并适应环境的变化。

安排幼猫社会化的做法

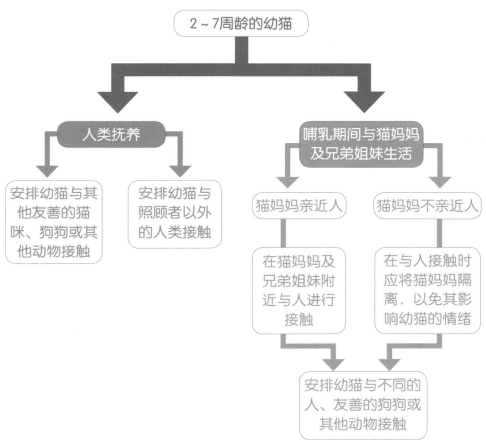

 猫奴笔记

幼猫社会化的要点

- 选择适当的时机：2~7周龄。
- 接触多元的对象：小孩、成年人、其他猫咪、狗狗或其他动物。
- 适度的接触时间：每天的上限控制在 40~120 分钟这个范围。
- 以奖励的方式保持幼猫的正面情绪。

幼猫社会化为什么重要

猫咪的祖先是完全的独居动物，它们各自拥有自己的领地和狩猎范围，并且会捍卫自己的领地。随着资源竞争的加剧，在野外生存的猫咪开始产生群体行为。猫咪形成的群体通常是"母系社会"结构，且群体大小与成员组成受限于领地资源的多寡和群体内的猫咪的性情。演化至今，虽然宠物猫具有与同种或不同种动物共同生活的能力，但这并不代表每一只猫咪都喜爱且一定要过群体生活。

基因倾向与胎儿时期母猫的压力。猫父母的性格会直接影响后代的基因倾向，即不加干预任由后代自然发展容易使后代具有与猫父母相同的性格表现。例如，猫父母比较胆小怕生，其后代的性格会出现同样的倾向。但基因倾向是可以改变的，而改变基因倾向的最佳时期就是幼猫社会化时期。另外，母猫在怀孕时所经历和感受到的压力，也会影响后代面对压力时的表现。这与母猫在怀孕期间面对压力时产生的糖皮质激素[1]（Glucocorticoid）通过胎盘影响胎儿有关。母猫怀孕时承受了程度不一、持续时间较长的饥饿、病痛等压力，会导致后代面对压力

注1：生物激素的一种，会在面对压力时产生。

时的阈值（临界值）降低；反之，后代在面对压力时的阈值会提高。这些我们不一定能了解和控制的事情，事实上都影响了幼猫的性格发展，这也再次说明了幼猫社会化过程的重要性。

如何社会化

幼猫社会化是一个自然发生的过程，但每只幼猫社会化的程度受到生长环境的影响。以敏感期来说，若幼猫只和猫妈妈及兄弟姐妹生活在一起，社会化时接触的对象就只有猫，幼猫未来被人类收养时可能无法马上适应新生活。同样地，若幼猫从小就被人类单独喂养，未来家庭中加入新的宠物时，即便是同种的猫，它也未必能接受并适应共同生活。所以对我们而言，为猫咪量身打造专属的幼猫社会化计划（尤其是在幼猫敏感期时）是非常重要的。幼猫社会化计划除了要在适当的时间进行外，还要广泛包括猫咪未来可能接触到的所有对象，引导猫咪以正面情绪接触对象并学习与之相处的方法，同时维持良好的动物福利，减少猫咪未来发生行为问题的概率。

胎儿被影响的程度与以下因素有关

- 猫妈妈面对的压力种类及反应。
- 猫妈妈怀孕期间暴露于压力的时间点与时间长短。
- 猫妈妈面对的压力大小。
- 个体差异。
- 物种间中枢神经系统及大脑发育的不同。

猫咪错过敏感期怎么办

　　猫咪的学习能力基本上一直存在，且学习能力的高峰期在猫咪 2~7 周龄时。猫咪这一时期的社交学习被称为幼猫社会化，而 2~7 周龄这个黄金时期被称为"敏感期"。发生在敏感期之外的学习行为被称为社交学习（Social Learning），其效果远远不如敏感期的幼猫社会化，所以掌握幼猫社会化的黄金时期相当重要。但如果你的猫咪已经错过了敏感期也不要沮丧，猫咪还是能学习的。

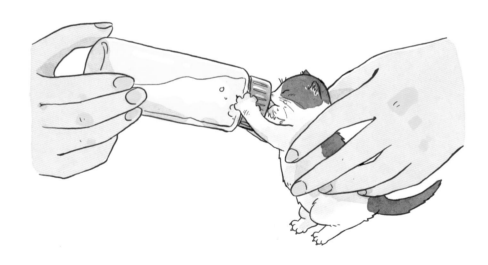

猫咪如果去餐厅用餐，八成会只订自己的位置。

改变与幸福——
猫疱疹病毒的感染与治疗
认识常见的猫疱疹病毒

猫疱疹病毒是常见的猫咪上呼吸道传染病病原体，这种病原体一旦感染即为终身感染，当猫咪免疫力下降时，病毒就会活化，使猫咪出现症状。预防猫疱疹病毒最好的方法就是让猫咪吃好睡好、心情放松。遇到猫疱疹病毒相关的问题时，请务必咨询宠物医生，照顾患病猫咪时要尽量减轻猫咪的压力，并做好完善的清洁与消毒工作。

猫流感是最常见的猫咪上呼吸道疾病，主要由猫疱疹病毒、猫杯状病毒（FCV）或衣原体引起，其中猫疱疹病毒为最常见的病原体。携带猫疱疹病毒病原体的猫咪不在少数，只是多数没有发病与症状。许多猫咪在小时候就已经感染了猫疱疹病毒，虽然平时没有症状，但在猫咪压力增大、免疫力低下时容易发病且出现症状。即便猫咪经治疗后已无症状，猫疱疹病毒仍会潜伏于其体内，形成"终身感染"。

 猫奴笔记

一定要知道的3件事

- 猫疱疹病毒感染为终身感染。
- 很多猫咪都携带有猫疱疹病毒病原体。

- 猫疱疹病毒的感染方式为与携带病毒的分泌物直接或间接接触。

猫疱疹病毒通常是借由分泌物直接接触传播或通过飞沫传播。猫疱疹病毒可能在环境中存活 12 ~ 18 小时，因此也可以借由共用物品间接传播，食物、容器、睡垫、玩具等都有可能成为传播猫疱疹病毒的媒介物。猫疱疹病毒的传播非常容易，如果母猫携带猫疱疹病毒，在看护幼猫时，幼猫就会被传染；间接接触传染也十分常见，尤其是对于一些经常外出的猫咪和多猫家庭，很难完全杜绝猫咪与猫疱疹病毒间接接触的可能性。

猫咪感染猫疱疹病毒后，猫疱疹病毒会在猫咪的上呼吸道和眼结膜的上皮细胞内进行复制，导致上皮细胞死亡。因此，猫咪感染猫疱疹病毒后在临床上常见的症状包括打喷嚏、有眼鼻分泌物、角膜溃疡、结膜炎等。大多数携带猫疱疹病毒病原体的猫咪的症状非常轻微，猫奴甚至不会注意到。此外，慢性感染可能导致猫咪发生慢性鼻炎；严重的角膜溃疡可导致角膜坏死，少数案例还会出现猫咪脸部溃疡性皮炎，以及幼猫肺炎。

由于是病毒性感染，症状的严重程度与猫咪当时的免疫状况有关，所以对猫疱疹病毒的治疗大多不会立即见效。猫疱疹病毒的治疗多以支持疗法[1]和症状控制为主。猫咪是非常依赖嗅觉的动物，而严重的猫疱疹病毒感染经常会使猫咪产生眼鼻分泌物，导致其呼吸不顺畅，进而影响其嗅觉，导致猫咪食欲下降。对于鼻分泌物，可以使用喷雾治疗或将生理盐水滴于鼻孔的方式液化鼻黏液以帮助其排出；如果出现二次感染，可以使用抗生素治疗；如果猫咪脱水、发烧、食欲不振等症状较为严重，可能需要住院并采取积极治疗措施。此外，也可以使用抗病毒药物泛昔洛韦（Famciclovir），但这种药物

注1：支持疗法是指为病患提供所需照顾的治疗方法，这种方法通常不直接治疗特定疾病，而是针对其带来的症状及并发症等进行控制。支持疗法的目标是维系动物的基本生活需求与生活品质，比如，当猫咪因猫疱疹病毒感染导致脱水时，可以输液以维持猫咪的水合状态，此时的输液并非针对猫疱疹病毒，而是针对脱水症状。

价格较为高昂，通常用于临床症状较为严重，或是其他治疗方式效果不佳的情况。如果怀疑猫咪之疾是猫疱疹病毒引起的角膜溃疡，可以使用抗病毒眼药水进行治疗。要特别注意，如果角膜溃疡已造成角膜坏死，极有可能需要进行手术，移除坏死病灶。

应对猫疱疹病毒感染的措施

猫咪正在发病

1. 配合宠物医生的治疗

由猫疱疹病毒引起的最常见的上呼吸道症状，经常会让猫咪感到非常不适。在治疗上，一般先采取支持疗法并控制二重感染。如果猫咪的症状仍无法减轻，可以考虑配合使用抗病毒药物，请务必依照宠物医生的医嘱完成计划疗程。

2. 增加食物的香气

猫疱疹病毒引起上呼吸道感染后，依赖嗅觉的猫咪经常会丧失食欲，进而导致猫咪营养不良和脱水。倘若猫咪出现食欲不佳的状况，在饮食上，猫奴可以为其选用味道较重的食物，或是将可加热的食物稍微加温，促使香气外溢。

3. 环境的清洁与消毒

发病中的猫咪会排出具有传染性的猫疱疹病毒，不管是单猫家庭，还是多猫家庭，都建议猫奴在环境的清洁与消毒上多投入一些精力。消毒效果较好的消毒剂有：氯己定（Chlorhexidine）溶液、30倍稀释漂白水和卫可。

猫咪曾经感染猫疱疹病毒，目前没有症状

1. 减轻压力

减轻压力是最重要的。让猫咪吃好、喝好、睡好，远离一切会带给其压力的事物，避免猫咪因为压力导致免疫力下降，再次引发疾病。

2. 保健食品

对于用于预防及治疗猫疱疹病毒的保健食品，大家最耳熟能详的大概就是赖氨酸制剂了。但是最新研究显示，赖氨酸制剂对于猫疱疹病毒的治疗及预防并没有帮助。如果你仍然打算使用赖氨酸制剂，使用建议剂量即可，不需要刻意增加剂量以求效果。

3. 疫苗

猫疱疹病毒的疫苗并没有100%的保护力，但能有效地减轻猫咪感染猫疱疹病毒发病时的临床症状，所以即便猫咪曾经感染猫疱疹病毒产生了抗体，宠物医生还是会建议为猫咪注射疫苗。如果你的猫咪属于高风险族群，建议每年打一次疫苗，但要特别注意，不要在猫咪生病时注射疫苗。

 猫奴笔记

■ 对付猫疱疹病毒，最重要的是让猫咪吃好、睡好、没有压力，尽量移除可能带给猫咪压力的事物，例如环境的变动，同时为猫咪提供适口性高且有营养的食物。

大量的保健食品反而会让猫咪备感压力与挫折，
进而导致其免疫力下降。

让猫咪开开心心地吃东西，
没有压力与挫折，猫咪的免疫力就不易下降。

关于猫疱疹病毒，猫奴的常见问题

除了前面提到的猫疱疹病毒的相关知识，还有以下信息供猫奴参考。

Q： 如何确认我的猫咪真地感染了猫疱疹病毒？

A： 要做到确诊并不容易。可以在猫咪发病时对其眼鼻分泌物进行采样，然后外送 PCR 检测，以增加确诊的可能性。

Q： 我有两只猫咪，其中一只感染了猫疱疹病毒，需要隔离吗？

A： 两只猫咪共同生活，十之八九两只都感染了猫疱疹病毒，区别只是有无症状，这通常与个体的免疫状况有关。将两只猫咪隔离反而容易造成它们的压力增加，因此不建议隔离，除非隔离可以减轻彼此的压力。

Q： 携带猫疱疹病毒病原体的猫咪每时每刻都具有传染力吗？

A： 大多时候，被猫疱疹病毒感染的猫咪是没有症状且不具有传染力
的。只有当猫疱疹病毒被重新活化时，其宿主才会具有传染力。
当猫咪压力增大、免疫力下降时，猫疱疹病毒会被重新活化，但
此时猫咪不一定会有明显症状。

Q： 打过疫苗还需要担心猫咪感染猫疱疹病毒吗？

A： 猫疱疹病毒疫苗并不能杜绝感染，但是可以预防或是减轻症状。

Q： 我只有一只室内猫，需要每年打疫苗来预防猫疱疹病毒吗？

A： 市面上猫疱疹病毒疫苗的抗体滴度效力为 1 年，根据世界小动物
兽医师协会（World Small Animal Veterinary Association,
WSAVA）的接种指南，如果猫咪感染猫疱疹病毒的风险低，则
配合猫细小病毒疫苗，每 3 年打一次猫疱疹病毒疫苗即可。

重要的盒子——外出笼
为猫咪营造良好的外出笼使用体验

对猫咪来说，如果外出笼可以成为一个让猫咪感到放松且不害怕的运输工具，那么不管是去看医生还是搬家，外出对猫咪来说都会轻松许多。试着了解猫咪不喜欢外出笼的原因，并增加正向的经验引导，让外出笼之于猫咪不再是一个可怕的盒子。

在家猫的一生中，除了猫奴，最重要的东西大概就是外出笼了，不但看医生需要外出笼，搬家、发生紧急状况疏散时也需要外出笼。这么重要的东西，如果猫咪相当排斥它，或者外出笼让猫咪产生压迫感，有可能会导致严重的问题。试想一下，如果你的住所发生火灾，你需要紧急疏散，却无法将猫咪放进外出笼中，会出现什么样的后果。因此，为猫咪选择一个合适的外出笼，从猫咪小时候就开始训练，让猫咪产生外出笼是个舒适安全的空间的认识，对猫奴而言是相当重要的课题。

外出笼训练的目的，除了让猫咪不排斥外出笼外，从"猫行为学"的角度看，还希望利用猫咪对外出笼的正向经验联想，让它对即将抵达的目的地产生正向联想。毕竟大部分需要使用外出笼的情况，都是带猫咪去宠物医院或外宿的。如果猫咪对外出笼有正向经验，能为接下来的行程带来帮助。

从小开始训练猫咪接纳外出笼当然是最容易的，但即使是已经对外出笼极度排斥的成年猫咪，在大多数情况下，我们还是可以找出问题所在，慢慢地让它接纳外出笼的。外出笼能够使猫咪在将来的旅行中更放松，有助于它们的身心健康，并提升其外出体验。

猫咪排斥外出笼的原因

我经常听到猫奴说，家里的猫咪一见到外出笼就逃跑，或者在外出笼中很紧张，这使得外出就医成为一件让猫咪和猫奴都备感压力的麻烦事，也往往因此拖延了就医导致猫咪病情恶化。了解猫奴的忧虑并协助猫奴降低猫咪就医的压迫感也是宠物医生的责任。当猫奴察觉自家猫咪排斥外出笼时，可以先试着把可能的原因逐条列出，然后——核查。

1. 猫咪进入外出笼的过程中，有无任何负面的联想

如果猫奴曾经强迫或者将猫咪硬塞进外出笼，皆会使猫咪对外出笼产生负面的联想，造成日后猫咪进入外出笼一次比一次困难。因此，我们应该停止任何强迫猫咪进入外出笼的行为，转而采取适当的训练方法。如果猫咪对于现有的外出笼已有强烈的厌恶感，建议另购一款新的外出笼重新进行外出笼训练。

2. 外出笼的大小

大小适宜的外出笼可以让猫咪在笼中四脚着地，并能轻松转身。如果外出笼尺寸太小，可能会让猫咪感到压迫且不舒服；如果外出笼尺寸太大，则有可能导致猫咪缺失安全感。好的开始是成功的一半，购买一个大小适宜的外出笼是非常重要的。

3. 外出笼内是否残留有其他猫咪的气味

请回忆你是否曾经在不同的时间点，用同一个外出笼带不同的猫咪出门。如果使用同一外出笼的猫咪之间的关系并不亲密，外出笼内残留的其他猫咪的气味可能会使被限制在这个无法避开及逃离的空间内的猫咪感到焦虑和受挫；更进一步看，如果曾经使用外出笼的猫咪，在使用外出笼进行运输的途中感到紧张，从脚底释放出带有恐惧及焦虑信息的信息素，等到下次另一只猫咪使用同一个外出笼时，就会通过残留的信息素接收到相关的负面信息，从而产生担心和害怕的情绪。所以，当共用外出笼时，每次使用前后都需要先做适当的清洁。理想的情况是为每只猫咪配备专属的外出笼。

4. 一只以上的猫咪被放进同一个外出笼

即使猫咪们在家相处融洽，但强迫它们一起待在一个无法逃跑的狭小空间中，也可能引起猫咪的紧张及敌对情绪。因此，还是以一猫一笼为宜。

5. 只有去宠物医院或是外宿时才会被装进外出笼

如果猫咪只有在被带去宠物医院或外宿时才被装进外出笼，那么猫咪对外出笼的负面经验会延伸至宠物医院与外宿地，让猫咪在尚未接触陌生的新环境前就感到紧张，导致猫咪很难对新环境产生正面经验。如果猫咪很快建立了外出笼与这些地方的负面联想，还会形成恶性循环。最好的解决方法就是将外出笼当作家具的一部分，平常就摆放于猫咪可以任意进出的位置，将相关的负面联想消弭于无形。

6. 排斥运输过程

外出笼经常与运输过程联系在一起。如果猫咪对运输过程存在排斥，比如晕车或是运输时外出笼产生的晃动、运输过程中过多的噪音，都有可能让猫咪将负面情绪或身体产生的不适与外出笼直接联系在一起。

理想的外出笼

每只猫咪都应该有合适的专属外出笼。

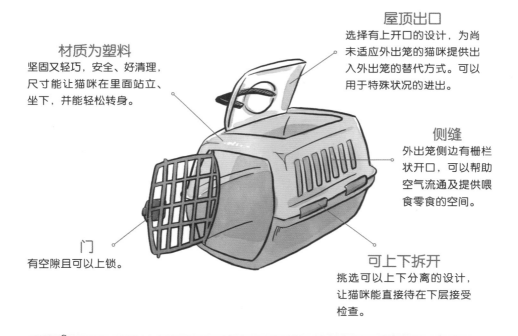

材质为塑料
坚固又轻巧，安全、好清理，尺寸能让猫咪在里面站立、坐下，并能轻松转身。

屋顶出口
选择有上开口的设计，为尚未适应外出笼的猫咪提供出入外出笼的替代方式。可以用于特殊状况的进出。

侧缝
外出笼侧边有栅栏状开口，可以帮助空气流通及提供喂食零食的空间。

门
有空隙且可以上锁。

可上下拆开
挑选可以上下分离的设计，让猫咪能直接待在下层接受检查。

猫奴笔记

■ 如果某个外出笼曾让猫咪有不好的体验，那么建议另外购买一个舒适且大小合适的外出笼重新对猫咪进行训练，以消除猫咪对外出笼的负面联想。

完整的外出笼训练

　　完整的外出笼训练，不是只把外出笼打开并摆放在家中，而是通过循序渐进的引导过程，让猫咪习惯外出笼并与其建立良好的联系，此方式虽看似麻烦，却能真正有效地达成目标，对猫咪未来的生活也有帮助。

步骤1

- 初次将外出笼引入家中，将外出笼上盖分离后，在下层铺上猫咪日常使用的睡垫，并将外出笼放在屋内安静的地方，让猫咪自由探索。如果猫咪曾经对外出笼产生负面经验，可以将费利威®经典（Feliway® Classic）产品（安抚猫咪情绪的信息素喷剂）喷洒在外出笼的四周辅助训练。

步骤2

- 当猫咪靠近外出笼时，利用零食或玩具让猫咪对外出笼产生正面情绪，让猫咪能够自愿地趴在外出笼中，并持续一段时间。

步骤3

- 待猫咪习惯后，趁猫咪离开外出笼，为外出笼盖上上盖，并重复步骤2的做法，让猫咪对盖上上盖的外出笼产生正面情绪，并愿意在其中持续休息一段时间。

步骤4

- 待猫咪习惯后，趁猫咪离开外出笼，为外出笼加上门，此时不要将门关闭，寻找猫咪在外出笼中吃零食或休息的时机，尝试将门关闭几秒并立刻打开，以使猫咪的正面情绪持续一段时间。

步骤5

- 待猫咪习惯后，尝试将门关闭较长的时间，除了在外出笼内准备零食外，还要持续利用外出笼的侧缝跟猫咪玩耍，使猫咪的正面情绪持续一段时间。

步骤6

- 待猫咪完全习惯关门的外出笼后，可以将外出笼的门敞开并摆放于家中安静的位置，让猫咪可以自由进出、慢慢习惯，并让猫咪意识到外出笼是一个不需要害怕的东西。

 猫奴笔记

- 将外出笼放置在家中猫咪活动区域的安静位置，铺上猫咪喜爱的常用睡垫，喷洒猫信息素，摆放零食及猫薄荷等，鼓励猫咪探索外出笼。

害怕外出笼或对外出笼有负面经验的猫咪，出门会变得相当困难。

30颗小白牙——换牙与保健
了解猫咪换牙的过程，维持猫咪口腔健康

猫咪的牙周问题其实比你想象的更常见，从猫咪的换牙阶段开始，应定期检查猫咪口腔健康状况并练习为猫咪刷牙，再配合使用经过认证的产品，为猫咪日后的牙周健康奠定良好的基础。

　　幼猫约在3周龄时会开始发出乳牙。3～4周龄时会最先发出前排的切齿与两侧的犬齿，接下来前臼齿会在5～6周龄时发出。猫咪的乳牙共有26颗，包含有切齿（上下）共12颗、犬齿（上下）共4颗、前臼齿（上6颗、下4颗）共10颗。乳牙通常较为尖锐，所以猫咪在更换成恒牙之前，咬人也是相当疼的。

　　猫咪的换牙时间约从3月龄时开始，切齿与犬齿在3～5月龄时发出，而前臼齿与另外再长出来的4颗臼齿在4～6月龄时发出。此时的猫咪正值换牙期，容易出现啃咬行为，这属于正常现象。通常换下来的牙齿会直接被猫咪吞下，不会被猫奴发现，猫奴应该在猫咪的换牙期经常检查猫咪的口腔，确认有无乳牙滞留或是牙龈过度发炎的情况。如果猫咪超过6月龄仍然存在乳牙滞留，容易出现齿列不正、咬合错位等问题，猫咪日后也较容易出现牙周病。

口腔保健

随着猫奴饲养观念的转变，猫咪口腔保健的观念已经取代了先前出现问题后再来处理的做法。尽管每个家庭与猫咪都有各自的饮食习惯，但无论是干粮、湿食、生食还是混合饮食，没有任何一种饮食可以完全杜绝牙周问题的发生，最有效且方便的做法就是为猫咪定时刷牙并定期进行口腔检查。口腔检查不一定要去宠物医院，有些项目是可以在家中自行观察的，比如检查并记录有无缺牙、断牙与疼痛反应等。

 **猫奴笔记**

猫咪的牙齿数量，分上/下排计算

（I：切齿，C：犬齿，P：前臼齿，M：臼齿）

- 乳牙 26 颗：I（6/6），C（2/2），P（6/4）。
- 恒牙 30 颗：I（6/6），C（2/2），P（6/4），M（2/2）。

大多数的猫咪不会乖乖地配合刷牙或是张开嘴任人检查，建议从小开始训练猫咪接受刷牙及口腔检查。成年猫咪依然有机会训练成功，但不要在猫咪口腔不适时进行刷牙训练，比如在猫咪换牙或已经出现严重牙龈炎时。如果猫咪出现口腔问题，建议先进行治疗，待口腔较为舒适后，再开始刷牙训练。有效的刷牙需要每天一次，可以搭配美国兽医口腔健康协会（Veterinary Oral Health Council，VOHC）认证的洁牙产品。此外，提倡每年为猫咪至少做一次完整的口腔评估，除了宠物医生的检查，建议还要进行正式的牙科X线检查，并参考猫咪的口腔健康状况定期为其安排洗牙，以完善猫咪口腔的保健。

选择VOHC认证的产品

猫咪的口腔保健相当重要，除了定期为猫咪刷牙，许多猫奴还会选用一些额外的口腔保健产品，帮助维持猫咪口腔健康。但是宠物店五花八门的洁牙和口腔保健产品效果参差不齐，仅仅依赖产品包装上的说明很难判断和选择真正适合猫咪口腔状况的产品。

 猫奴笔记

- 幼猫常见口腔问题：乳牙滞留、齿列不正。
- 2岁以上成猫常见的口腔问题：牙周病（牙龈炎/牙周炎）、牙吸收（替换吸收/炎症性吸收）、口炎、缺牙。

2019年VOHC认可的保健产品

品牌	产品	预防牙菌斑	预防牙结石
希尔思（Hill's）	T/D® 处方粮（Prescription Diet Feline t/d®）	✓	✓
	科学饮食®（Science Diet®）口腔护理猫粮	✓	✓
	健康优势 ™（Healthy Advantage™）口腔护理猫粮	✓	✓
雀巢普纳瑞（Nestle Purina）	冠能® 处方粮（Pro Plan® Veterinary Diets）DH 猫配方猫干粮（DH Feline Formula dry cat food）	✓	✓
	普瑞纳齿一生专业洁齿零食（Purina DentaLife Daily Oral Care Cat Treats）（两种口味）		✓
皇家（Royal Canin）	皇家口腔护理猫粮（Royal Canin Feline Dental Diet）	✓	
健康口腔（Healthy Mouth）	本质 ™健康口腔®（ESSENTIAL™ healthymouth®）蔓越莓牙齿防菌斑水	✓	
	本质 ™健康口腔®营养需求™（ESSENTIAL™ healthymouth® NutriNeeds™）日常口腔护理和营养保健水	✓	
	本质 ™健康口腔®营养需求™（ESSENTIAL™ healthymouth® NutriNeeds™）超级食物风味日常口腔护理和营养保健水	✓	
	本质 ™健康口腔 ™（ESSENTIAL™ healthymouth™）抗牙菌斑凝胶	✓	
	本质 ™健康口腔 ™（ESSENTIAL™ healthymouth™）抗牙菌斑喷雾	✓	
	本质 ™健康口腔 ™（ESSENTIAL™ healthymouth™）凝胶牙刷套组	✓	
	本质 ™健康口腔 ™（ESSENTIAL™ healthymouth™）抗牙菌斑局部擦拭巾	✓	
美士（Nutro）/ 绿的（Greenies）	绿的® 猫用磨牙零食（Feline Greenies® Feline Dental Treats）		✓
伟嘉（Whiskas）	伟嘉® 磨牙饼干（Whiskas® Dentabites Cat Treats）鸡肉三文鱼风味		✓

目前，对于猫咪口腔保健产品，推荐的选择方式为：在口腔保健产品的包装上，确认是否有 VOHC® 的认证标志。VOHC 是美国兽医口腔健康协会的简称，他们会对全世界的犬猫口腔保健产品所声称的效果进行审查认证，筛选符合能够减少犬猫牙菌斑（Plaque）和牙结石（Tartar）的产品，并在其官方网页上持续更新发布被他们认证的犬猫产品清单，以及这些产品被认证的效果。大家购买相关产品前，不妨先浏览 VOHC 的官方网页或是检查产品包装上是否有相关认证标志。VOHC 的官方网页中也会更新当前已不推荐的产品。

训练刷牙的步骤

步骤1
- 选择刷牙工具：指刷、小牙刷或纱布块。

步骤2
- 先以肉泥或罐头中的液体代替牙膏进行练习。

步骤3
- 以上下牙齿外侧表面为目标对象进行刷牙。

步骤4
- 每次练习完毕后，记得给予猫咪喜欢吃的零食作为奖励。

步骤5
- 待猫咪习惯刷牙后，换用正式的宠物牙膏，每次刷完牙后不要忘记给予奖励。

看到猫奴拿起牙刷，拔腿就跑的猫咪。

健康日志——疫苗与绝育
让猫咪身体强壮

给猫咪打疫苗及进行绝育手术的时机，是猫奴们都要考虑的问题。猫奴应预先了解打疫苗的目的及绝育手术的知识，并安排猫咪在适当的时机完成这些必要事项。

猫咪的疫苗种类繁多，除了按品牌、抗原、单剂型或复合剂型分类外，还可分为减毒疫苗、灭活疫苗。许多灭活疫苗为了能够引起足够的抗体反应，还会加入佐剂，而佐剂又可以分为含铝、不含铝两种。这些复杂的关系，会让大部分的猫奴经常搞不清楚自己应该给猫咪选择何种疫苗，以及如何与宠物医生讨论最适合自己猫咪的疫苗。

站在猫奴的角度，我们最想知道的是自己的猫咪需要的接种计划。首先，我们就来了解"核心疫苗"与"非核心疫苗"的差异与分类。

"核心疫苗"是指建议每只猫咪必打的疫苗；"非核心疫苗"是指可依风险程度评估猫咪是否需要打的疫苗。猫咪的疫苗接种计划就是，以核心疫苗为中心，依照每只猫咪可能面临的风险程度决定是否追加"非核心疫苗"。当然，风险程度是会随着时间与环境改变的，所以非核心疫苗的追加与否，理应根据猫咪每年的状况进行评估。

核心疫苗包括用于猫细小病毒、猫疱疹病毒、猫杯状病毒的疫苗；非核心疫苗则包括用于衣原体、猫白血病病毒（FeLV）、猫免疫缺陷病毒（FIV）的疫苗。根据世界小动物兽医师协会提供的接种指南，除了首年度和首次接

猫奴笔记

需接种疫苗的高风险猫咪群体如下。

- 多猫家庭的猫咪。
- 经常出门及外宿猫旅馆的猫咪。
- 猫奴或照顾者经常出入其他有猫家庭
  或接触其他猫咪的猫咪。

种之外，核心疫苗的接种建议为：猫细小病毒疫苗每 3 年接种一次，猫疱疹病毒和猫杯状病毒疫苗则根据风险程度，每 1～3 年接种一次。例如，对于单猫家庭，猫咪没有与其他猫咪接触的机会，且猫咪不外出，则每 3 年接种一次核心疫苗即可。而属于非核心疫苗的猫白血病病毒疫苗与猫免疫缺陷病毒疫苗可以根据猫咪的生活细节决定是否接种。根据 WSAVA 发布的《犬猫疫苗接种指南》，猫传染性腹膜炎疫苗是不建议接种的。

首年疫苗要打几次

接种疫苗的意义在于利用弱化的病原体，预先让免疫系统认识此病原体，进而在预期的时间内形成保护效力，将来再遇到此病原体时，可以快速地产生免疫反应与抗体，防止疾病的发生。幼猫首次接种疫苗时，经常需要连续进

猫奴小教室

常见疫苗种类

- 单一猫细小病毒疫苗：为核心疫苗。
- 单一猫白血病病毒疫苗。
- 单一猫免疫缺陷病毒疫苗。
- 单一猫传染性腹膜炎点鼻疫苗：目前 WSAVA 不建议接种。
- 猫二联（猫疱疹病毒疫苗＋猫杯状病毒疫苗）：为核心疫苗。
- 猫三联（猫细小病毒疫苗＋猫疱疹病毒疫苗＋猫杯状病毒疫苗）：为核心疫苗。
- 猫四联（猫细小病毒疫苗＋猫疱疹病毒疫苗＋猫杯状病毒疫苗＋猫衣原体疫苗）。
- 猫五联（猫细小病毒疫苗＋猫疱疹病毒疫苗＋猫杯状病毒疫苗＋猫衣原体疫苗＋猫白血病病毒疫苗）。
- 单一狂犬病疫苗：在疫区属于核心疫苗。

猫疫苗的种类

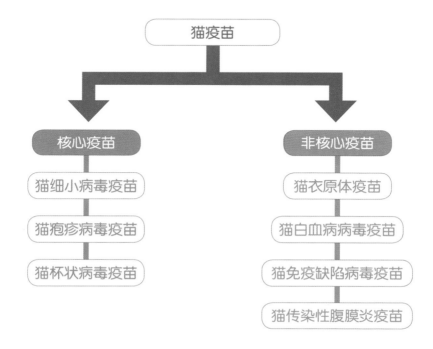

行几次补种，这样做的原因在于：猫咪出生后，"母源抗体"在幼猫体内最多存留至幼猫 16 周龄左右，疫苗中被弱化的抗原在被幼猫的免疫系统识别前，可能已被"母源抗体"先一步清除，从而使疫苗无法达到预期的效果。我们无法预知每只猫咪的"母源抗体"会留存多久，虽然"母源抗体"可以保护幼猫，但当其少于一定量时就会失去保护作用，此时幼猫就有感染疾病的风险。连续多次补种疫苗的目的是希望可以在幼猫体内的"母源抗体"消失时，立即使幼猫自身的免疫系统识别抗原，产生抗体与有效的免疫反应。

建议幼猫首年接种核心疫苗从 6 ~ 8 周龄开始，每隔 3 ~ 4 周补种一针，最后一针应在猫咪 16 周龄后完成。如前所述，幼猫体内的"母源抗体"在幼猫 16 周龄左右时会消失，所以要确保最后一针在幼猫 16 周龄后接种。幼猫要接种的核心疫苗剂量是根据幼猫接种第一针"核心疫苗"的起始周龄，按照规定间隔与最后一针的接种要求决定的。如果猫咪从来没有接种过疫苗且已经超过 16 周龄，则建议首次共接种 2 针核心疫苗，2 针核心疫苗之间须间隔 3 ~ 4 周，猫咪完成 2 针核心疫苗接种后即完成首次疫苗的接种。

疫苗的接种位置

　　猫奴们可能都对"猫注射位置肉瘤"（FISS）有所耳闻。猫注射位置肉瘤是一种恶性的软组织肉瘤，发生在接种疫苗的部位或是注射的部位。这种肉瘤通常发展快速，具有高度的局部侵略性，转移率为 10% ~ 28%。一般来说，佐剂疫苗会引发强烈的局部炎症反应，尤其是含铝的佐剂，这种炎症反应被认为与猫注射位置肉瘤有关。无佐剂疫苗通常为"减毒疫苗"，这种疫苗与某些重组疫苗引发猫注射位置肉瘤的可能性低。根据《犬猫疫苗接种指南》，大部分情况下，相比接种疫苗的好处，猫注射位置肉瘤的发生风险可以忽略不计（发生 FISS 的概率小于 1/10,000）。

　　事实上，无论猫咪接种何种疫苗、疫苗中有无佐剂，引发猫注射位置肉瘤的可能性都极低。目前建议接种疫苗的位置为猫咪的肢体远端，距离趾甲等可切除部位至少 5 cm 以上，比如四肢或尾巴的皮下。每次接种时都要记录位置，接种不同疫苗时需要更换位置。若出现疑似猫注射位置肉瘤的情况，务必遵从"3-2-1"原则做判断：团块在注射疫苗后 3 个月仍然存在、团块直径大于 2 cm、团块在注射疫苗 1 个月后仍然持续变大。如有以上任何一种状况，建议手术移除团块并做病理切片确认。

根据幼猫的不同情况接种疫苗

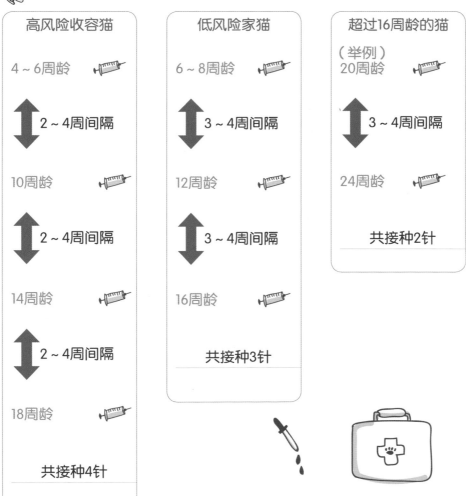

绝育安排

　　如今是一个信息爆炸且宠物医疗资讯不断迭代更新的时代，关于猫咪绝育手术的时间安排，猫奴们总是有许多疑问，互联网上也充斥着许多老旧的观念。现在，随着宠物医疗水平的提升，健康的猫咪在 3 ~ 4 月龄时就可以安排绝育手术。研究显示，猫咪越年轻，麻醉带来的风险越小，术后恢复得越快。

猫咪绝育手术流程须知

步骤1

■ 术前咨询宠物医生并进行血检等常规健康检查，确认猫咪身体健康无虞。

步骤2

■ 选择自己在手术当天和隔天都有空的时间。

步骤3

■ 术前猫咪需要空腹 6 ~ 12 小时，吃流质食品的话需要空腹 3 小时。

步骤4

■ 确保手术当天自己能够在医院停留数小时，手术通常需要半天甚至全天。

步骤5

■ 术后接回猫咪时需依照宠物医生指示为猫咪佩戴头套，并合理用药，药物通常是止痛药（一般不需要抗生素）。

步骤6

■ 术后 10 ~ 14 天回诊拆线并检查创口，免拆线创口也建议回诊检查。

　　猫咪早期绝育可以减少未来喷尿的概率，并减少侵略性行为的发生。研究表明，公猫尿道狭窄与早期绝育之间没有相关性，早期绝育并不会像传闻中的那样引发公猫尿道狭窄的问题；对于母猫，在发情前绝育，更是可以减少未来发生乳腺肿瘤的概率。当然，每只猫咪的状况不尽相同，每家宠物医院配备的绝育药物、设备也不尽相同，所以绝育的时间安排并不绝对，需要跟宠物医生讨论决定。

1. 绝育的好处

- 减少喷尿及侵略性行为。
- 减少逃家行为。
- 避免睾丸肿瘤的发生。
- 避免子宫蓄脓的发生。
- 避免卵巢肿瘤的发生。
- 降低乳腺肿瘤的发生概率。

2. 绝育后需注意的事

- 容易出现皮下脂肪堆积。

一般来说，公猫的绝育是将睾丸摘除。对于患有隐睾症的公猫，不管是单侧或是双侧隐睾，都建议完整摘除，以避免较高的腹腔温度导致睾丸没有正常掉落至阴囊，若日后睾丸因此发生病变，甚至可能压迫腹腔脏器。母猫的绝育大多是将双侧卵巢、子宫、部分子宫体结扎摘除，尤其要注意双侧卵巢的完整摘除，以免猫咪日后仍会发情、发生乳腺肿瘤及卵巢病变等问题。

 猫奴笔记

- 猫咪完成绝育手术后，身上常会沾染宠物医院及消毒药剂的味道，回到家中常会被其他的猫咪伙伴误以为是不认识的猫咪，导致猫咪伙伴出现攻击性行为。
- 大部分猫咪戴上普通的头套后，会因为看不到两侧而不愿意进行正常的吃喝、如厕，猫奴在家陪伴时，可视情况在合理监管下将头套移除，或是选用软质头套。

打疫苗还有肉泥吃……

宠物居家消毒

　　成为一名专业的猫奴，需要对一些常见的猫咪疾病与病原体有一定程度的了解与认识，且应明确，想要预防传染疾病，环境消毒很重要。不管是单猫家庭还是多猫家庭，不管猫咪会不会出门，猫咪都有与病原体接触的可能，比如引进新猫、其他猫咪来访、本身携带病原体或出现感染等。因此，当我们的生活环境存在使猫咪接触病原体的风险时，做好环境消毒就成了一门大学问。举个例子，75% 医用酒精是家庭中经常使用的消毒剂，但 75% 医用酒精并非对所有病原体都有效。此外，宠物医院常用的消毒剂，比如 F10、卫可，虽然使用较为方便，但未必能做到全面消杀。对各种消毒剂消杀常见病原体的调查发现，30 倍稀释漂白水是最好用且随手可得的消毒剂。当然，建立在适当的消毒剂选择和正确的操作方式上的科学消毒过程，才能有效预防病原体的传播。

　　在使用各种消毒剂之前，除了将猫咪隔离，应先对消毒区域进行清洁，因为有机物会弱化某些消毒剂的消毒效果。在按照建议的方式消毒后，用清水擦拭消毒区域，以免猫咪直接接触到消毒剂。以常见的 30 倍稀释漂白水为例，消毒之前应先用一般的清洁剂擦去消毒区域表面的有机物，然后取适量 5.25% 漂白水稀释 30 倍备用。稀释后的溶液应避光保存。注意：30 倍稀释漂白水的有效期仅为 24 小时。消毒时，要保证溶液在消毒区域至少停留 10 分钟，最后用清水擦拭完成消毒的消毒区域，以确保没有消毒剂残留，不会危害猫咪健康。

猫奴小教室

30倍稀释漂白水的特性与配制

■ 一般使用 5.25% 漂白水进行 30 倍稀释。
■ 有机物会弱化消毒效果，所以消毒前要先清洁消毒区域。
■ 制备完成的溶液须避光放置，有效期为 24 小时。
■ 消毒接触时间至少要 10 分钟。
■ 30 倍稀释漂白水对金属有腐蚀性。

🍃 消毒剂对常见病原体的消杀效果

	75%医用酒精	氯己定溶液	5.25%漂白水	卫可	F10/四级氨
猫细小病毒	−	+	++	+	+
冠状病毒	+	++	++	++	+
猫疱疹病毒	+	++	++	++	+
猫杯状病毒	−	+	++	+	−
衣原体	+−	+−	+	+	−
绿脓杆菌	++	+−	++	++	+−
大肠杆菌	++	+	++	++	+
霉菌	+−	+−	+（需10倍稀释）	+−	+−
细菌芽孢	−	−	++	+	−
隐孢子虫	−	−	−	−	−
球虫	−	−	−	−	−
弓浆虫	−	−	−	−	−

注：++：非常有效，+：有效，+−：效果有限，−：无效。

 猫奴笔记

■ 30 倍稀释漂白水可以消杀大部分的病原体；对于霉菌的消杀，则需要将
5.25% 漂白水调整为 10 倍稀释才有效。

第 **2** 章

青少年猫期

提供良好的环境，让猫咪健康成长与学习

　　青少年猫会在幼猫期的基础上，持续成长学习，建议猫奴为猫咪提供稳定、多样的生活环境和良好的日常保健，帮助猫咪保持身心健康、茁壮成长。

生活的乐趣——生活及环境多样性
调整生活空间与环境，满足猫咪的需求

猫咪的祖先是独自行动的动物，现今宠物猫的家居生活环境与猫咪祖先生活的野外环境已经有了很大的不同。面对室内生活领域重叠的问题，要如何借由环境的配置和调整满足猫咪的天性需求，对猫奴而言着实是一大挑战。

　　猫咪的行为问题常导致许多家庭最终选择弃养，而这些所谓"问题行为"的发生，经常是因为我们没有满足猫咪对生活环境的需求。猫咪需要有足够的资源去展现它们的自然天性，并能够掌控社交互动的自主权，因此，身为猫奴的我们，可以在家中提供满足猫咪需求的生活环境，以提高猫咪的健康与福利水平。

　　猫咪的环境需求包括其生活环境中实际存在的物品、设施，以及与人、其他动物的社交互动。猫咪常常隐匿自己的压力、疼痛与疾病，如果猫奴能预先满足猫咪日常生活的环境需求，就可以大大改善猫咪由环境压力导致的行为问题，进而减少压力衍生的相关疾病的发生。

　　猫咪最早的祖先被认为是来自北非野外的非洲野猫（*Felis lybica*），当时的猫咪是独自行动的动物，主要以猎食小型哺乳类为生，具有强烈的领地意

识，并会主动采取防御姿态对抗其领地的入侵者。但迄今为止的演化与驯化，让现在的宠物猫的环境需求和行为与其祖先已经产生了许多不同。

猫咪祖先的环境需求与行为

- 独自的猎食者，几乎大部分时间都在寻找猎物、躲避危险和掠食者。
- 领地受到侵犯时会感受到威胁。
- 感受到威胁时，会利用气味、肢体语言、声音来表达情绪。
- 拥有绝佳的嗅觉与听力，强烈或不熟悉的声音和气味会造成压力。
- 虽有形成群体的能力，但仅限于与之相关的猫或其兄弟姐妹。

满足当代猫咪的需求

以下几点建议，可以帮助你更好地为猫咪打造快乐的生活环境。

1. 提供一个安全的空间

每只猫咪都需要一个安全、隐蔽的空间，让它可以躲藏或休息，并觉得在这里是受到保护的。这个空间要够大、离开地面且一侧是墙面。最简单的做法就是在家里的地板及高处布置很多大小不同的纸箱，让猫咪自由选择躲藏的位置。

2. 提供多元且独立的资源

猫咪所需的关键资源包括食物、水、厕所区域、猫抓物区域、玩耍区域及休憩区域。每只猫咪都应该有独立的关键资源，以避免任何程度的资源竞争，从而减轻猫咪的生活压力，进而降低压力相关疾病的发生概率。

3. 提供玩乐与猎食的机会

玩乐、猎食行为可以满足猫咪的自然猎食需求，可以为猫咪提供老鼠玩具、逗猫棒等模仿猎物行动的玩具。避免使用手、脚与猫咪玩乐。使用互动式喂食器可以让猫咪体验猎食的乐趣，培养猫咪形成更自然的进食方式。要记得常与猫咪玩乐，并正向鼓励猫咪使用玩具。

4. 提供正向、持续且可预期的社交互动

猫咪都是独立的个体且有自己的社交喜好。以与人的互动为例，不同的猫咪对抚摸、梳毛、抱起、与人玩乐、趴在人的腿上的互动反应各不相同，而互动反应大部分源于在幼猫敏感期所接触的事物。记得要尊重每只猫咪的社交喜好，不要强迫猫咪做不喜欢的互动。

5. 提供尊重猫咪嗅觉的环境

猫咪跟人类不同，它们利用嗅觉评估周围的环境。猫咪会通过脸部或其他身体部位摩擦物体，在熟悉的环境中留下特殊的信息素，以建立与周遭环境的联系。如果有新的猫咪加入或原本的环境有所改变，要避免清除猫咪留下的信息素。费利威®的人工合成信息素产品，能够模仿猫咪的脸部信息素，在猫咪面对气味改变时，帮助猫咪放松和减轻压力。若有威胁性的气味出现或者猫咪无法在某些位置留下自己的气味，可能导致猫咪出现喷尿、非正常区域排便，以及在我们不希望的位置留下抓痕等行为，甚者还会引起压力相关的疾病。

信息素

嗅觉是猫咪进行沟通的重要方式之一，猫咪嗅觉系统所接收的物质包含气味分子和信息素，这些物质所传递的信息有：性别、生理状态、过去的社交与环境经验、性的接受度、合适度和熟悉程度等。

信息素在嗅觉系统中扮演着极为重要的角色。信息素由猫咪位于不同位置的腺体分泌产生。猫咪通过排便排尿、磨爪和摩擦物体的动作在特定的物品上留下信息素，从而留下记号及要传递的讯息。

 猫奴笔记

■ 在用玩具陪猫咪玩耍时，要适度地让猫咪抓到，不然猫咪会感觉沮丧，产生负面情绪。

猫咪脸部腺体分泌的信息素，是通过脸部摩擦物体的方式留在物品上的。目前已被辨识出的猫咪脸部信息素有 5 种，其中 F3 信息素产品被广泛用于适应环境、减轻压力，例如费利威®经典。早几年费利威®也曾推出过与维持猫

1. 目前已被辨识出的 5 种脸部信息素。

■ F1：功能尚未明确
■ F2：与性相关行为有关
■ F3：与领地意识相关的行为有关

■ F4：与维持群体及团体生活有关
■ F5：功能尚未明确

2. 猫咪嘴巴半开、停滞不动的动作被称为"裂唇嗅反应"，该动作表明猫咪正在通过上排切齿后方的切齿孔接收信息素。

咪群体生活有关的 F4 信息素产品——费利威®朋友（FRIEND），它可以用于改善多猫家庭中猫咪的相处状况。近年，法国诗华动物保健公司（CEVA）停产了原有版本的费利威®朋友 F4 脸部信息素产品，推出了全新的费利威®朋友产品。新版产品是与猫咪乳腺分泌的信息素类似的人工合成信息素，可以模拟母猫喂奶时，由其乳腺释放出的、能安稳幼猫情绪的信息素。新版本的费利威®朋友产品能帮助猫咪间恢复融洽的相处。但是对于信息素产品，猫咪个体的反应不尽相同，要视每只猫咪的具体状况而定。

嗅觉的环境多样性

在近代猫行为学中，环境多样性逐渐受到重视，经常可以看到猫奴们用心打造适合猫咪的生活环境，比如可以远眺窗外的台面、墙面上的跳台、与家具融合的躲藏处等，但在环境多样性这个议题中，猫嗅觉的环境多样性却经常被我们忽略。所谓嗅觉的环境多样性，通常可以直接从字面意思理解，即增加嗅觉的正面刺激。这样做可以提高猫咪的生活品质与日常福利，避免猫咪负面情绪和行为问题的产生。

大家最熟悉并且经常用到的嗅觉道具是猫薄荷，这种植物可以引起家猫与大猫（豹亚科）的欣快感。然而研究也表明，有一部分家猫与大部分的老虎，对于猫薄荷是没有反应的。某些植物或许具有和猫薄荷相似的效果，但大多数停留在揣测层面，没有经过科学研究的证实，或

裂唇嗅反应

者尚不确定是这些植物中的哪些化学物质导致了猫咪产生欣快感。

2017 年，曾有研究抽样调查了猫咪对猫薄荷及其他几种植物产生反应的比例，得出下列的结果：猫薄荷叶片与花的干燥碎屑，68%；木天蓼虫瘿果干粉，79%；鞑靼忍冬木屑，53%；缬草根的干燥碎屑，47%。此前，我们只知道并非每只猫咪都会对猫薄荷有反应，在这次研究中我们又发现，在对猫薄荷没有反应的猫咪中，71% 的猫咪会对木天蓼虫瘿果干粉有反应，32% 的猫咪会对鞑靼忍冬木屑有反应，而只有 19% 的猫咪会对缬草根干燥碎屑有反应。因此，可以得出结论：对于对猫薄荷没有反应的猫咪，木天蓼虫瘿果干粉是最好的选择。

除了猫薄荷外，上述植物或是由其制作的玩具，也可以增进嗅觉的环境多样性，增加猫咪玩耍的时间，特别是对于不爱动、过胖或缺乏外界刺激的猫咪。可以将这些植物提供给独自在家的猫咪玩耍，让它们破坏、享受其中；也可以利用这些植物帮助收容所里的猫咪社会化，增加它们被领养的机会。此外，这些植物或许可以用作训练的奖励。

不过，对于上述植物能否用来降低猫咪在医疗过程、运送或住院期间的压力，还需要进一步的研究。就目前的研究来看，在一些紧迫的状况下，植物或者正面嗅觉刺激最多只能充当辅助角色，无法取代改善宠物医院环境、增强宠物医生操作的熟练程度、增加宠物医生对猫咪的熟悉度，以及使用适当的药物所带来的效果。

猫咪对猫薄荷的反应不一，有时候反应可以很……

一生好友——引进新猫
循序渐进地引进，减少可能的冲突与压力

猫咪的领地意识会让新老猫咪的相处充满挑战。正确引进新猫，能够为猫咪们带来正面的影响；反之，无计划地引进，可能会使猫咪产生极大的负面情绪，进而带来更多问题。

近年来，人们逐渐了解到养猫的好处，也越来越能够体谅猫咪独具一格的习性，养猫家庭越来越多的同时，多猫家庭的比例也在逐年升高。有时候猫咪的魔力是很难抗拒的，不经意间家里的猫就越来越多了，但无计划地引进新猫，会给猫奴带来新老猫咪之间相处的问题与挑战。每只猫咪都有自己的环境需求，虽然猫咪能够和其他的猫咪共同生活，但是猫奴无计划地引进新的猫咪，往往会使新老猫咪出现原本可以避免的攻击行为和压力。倘若新老猫咪持续地相处不融洽，甚至会使双方的攻击行为和压力加剧，进而给家庭中的所有成员带来负面影响，长此以往，可能会导致猫咪出现压力相关的疾病。

养猫家庭如何引进新的幼猫

虽然与成猫相比，幼猫更容易被家里原有的猫咪接受，但是如果能让新老猫咪在见面前做好准备，就可以让它们在日后的相处中更加融洽，避免不必要的冲突！

步骤 1. 见面前的准备

1. 猫咪的性格

在选择新的幼猫时，需要考虑家中猫咪的性格特点；如果家里的猫咪生性胆小、害羞，则不宜挑选一只极度自信且过度活泼的幼猫。

2. 充足的时间

将挑选的幼猫带回家后，需要花时间安顿一切，通常建议将引进猫咪的时间安排在猫奴有连续的假期时，并确认家里原有的猫咪状态相对平静。

3. 准备猫笼与单独的房间

提前准备一个大的猫笼，其大小要能够摆放猫窝、猫砂盆、食物、水及玩具，还要为猫咪留出一定的活动空间。将猫笼放在家中的空房间或是家里原有的猫咪不常去的房间。在新老猫咪见面前，可以让幼猫在猫笼外活动，甚至可以把猫砂盆以外的东西放到猫笼外，但这样做的前提是，摆放猫笼的房间的门必须是关闭的。

4. 混合气味

在新老猫咪见面之前，先将幼猫的气味散播于家中各处，可以让原有的猫咪使用幼猫睡过的猫窝或是毯子等。

步骤 2. 见面认识

新老猫咪见面的时机可以安排在喂食时。将新来的幼猫限制在猫笼内进食，此时可以将放置猫笼的房间的门打开，让原有的猫咪进入房间自由探索，可以在一定的安全距离处摆放原有猫咪喜爱的零食，鼓励它在安全距离处边观察新来的幼猫边吃东西。

这样的见面认识过程应维持一段时间，直到两只猫咪再以这种方式见面时都相当冷静且放松，然后将幼猫的猫笼移动到原有的猫咪经常活动的区域，继续维持同样的见面认识过程，直到双方再次适应。完成完整的见面认识过程可能需要几周的时间。

步骤 3. 正式互动

当两只猫咪已经互相认识并熟悉后，就可以正式打开猫笼，让两只猫咪直接接触，但接触初始还是建议在猫奴监督下进行，直到两只猫咪的互动与关系都相当稳定后，才能在没有猫奴监督的情况下完全开启猫笼。

在两只猫咪适应直接接触期间，要多注意原有的猫咪，给予规律的食物

 猫奴笔记

让气味成为家里的一部分

- ■ **主动的**：猫咪主动用脸蹭家具、墙角及猫抓板，留下气味。
- ■ **被动的**：猫咪睡觉用的毯子、床垫或玩过的玩具上的气味。

供应与玩乐很重要，这样能让原有的猫咪觉得，食物供应和平常的玩乐并不会因为新来的幼猫而减少。另外，每只猫咪都应拥有独立的资源，这些资源包括猫窝、猫砂盆、食物碗、水碗等，且应将它们摆放在家里不同的位置。

养猫家庭如何引进新的成猫

完善的引进新猫的过程经常需要预先准备且需要投入许多时间，但这样做的效果相当不错，更重要的是能够让新老猫咪相处融洽，让猫奴、家人感到开心的同时，还能减轻猫咪的紧迫感与压力。在已有猫咪的基础上引进新的成猫是一件相当困难的事，即使在引进新猫的过程中没有出错，也不见得

会一切顺利。有些猫咪只想当独行侠，猫奴应该认识到这种情况存在的可能
性，以确保猫咪们都能获得最好的福利。

步骤 1. 入住前的准备

准备一间空房间或一间家里原有的猫咪不太喜欢逗留的房间，作为新来
的猫咪到家后的暂时住所。确定这间房间里已经准备好充足的资源，包括食
物、水、位置舒适的猫窝、躲藏的区域、猫砂盆、玩具及猫抓板。这些东西
最好是新来的猫咪原本使用的或者全新的，建议不要使用家里原有的猫咪用
过的物品，其上留有的气味会让新来的猫咪无法放松。

在新来的猫咪即将入住的房间内，以及家里原有的猫咪经常出没的地带，可以使用人工合成的猫咪面部信息素（比如费利威®产品），帮助新来的猫咪更快地适应新环境。使用人工合成的猫味面部信息素也会让原有的猫咪更有熟悉感，而不会使其觉得自己的领地受到了威胁。如此能让新来的猫咪有足够的时间习惯新家的作息与新家的人、事、物，并且让新来的猫咪的气味成为家里的一部分。

引进成猫后，成猫单独一间房的过渡期从几天到两个星期不等。过渡期要观察新来的猫咪是不是已经习惯新环境且相当放松。如果新来的猫咪在此期间表现出明显的挫折感，可能需要为它提供更大的、原有的猫咪不会涉足的空间；如果不能提供更大的活动空间，则可能要将猫咪的见面认识计划提前。

步骤 2. 见面前的准备

交换气味。开始时将双方猫窝中的部分物品分别放置到对方的猫窝中，比如毯子。交换物品的过程可以混合彼此的气味，形成共同的气味。此时，任

 猫奴笔记

1. 猫咪习惯新环境的表现
- 正常地吃喝、理毛及上厕所。
- 在你进入房间时，有友善的行为表现，比如主动靠近、用身体或脸磨蹭你的脚、发出吱喳（类似鸟叫）、呼噜及喵鸣声。
- 翻肚休息或者睡觉、打滚。
- 玩你提供的玩具。
- 会用脸摩擦房间里的家具、墙角及其他物品。

2. 猫咪受到挫折的表现
- 抓挠或拍打房门、窗户。
- 每次喵鸣的时间都会持续数分钟。
- 在门边踱步。
- 一直从门缝偷看。
- 在你离开房间时用爪子打你。

何一方的表现都可能是正向或者负向的，若是其中一方出现负面表现，例如刻意回避猫窝，就需要尝试多次交换物品，并延长这个过程的持续时间。当猫咪对对方的气味表现出放松且开心的行为时，可以将物品移回原处，让彼此的气味进一步混合。在这个步骤中，可以重复使用一块以上的床垫或布料。

步骤 3. 正式接触

1. 相互探索

在顺利交换两只猫咪的气味后，可以安排两只猫咪的相互探索。开始相互探索时，将其中一只猫咪限制在家里的某一区域，让另一只猫咪可以自由地探索对方经常活动的区域。建议将相互探索安排在晚上，例如，晚上就寝

 猫奴笔记

1. 交换气味小技巧
- 在新来的猫咪到家之前，先从新猫的猫窝中取出部分物品带回家里，为家中增添新猫的气味，让原有的猫咪提早开始适应，以提高它的接受度。
- 可以用一块布擦拭一只猫咪面部的腺体，然后用这块布擦拭另一只猫咪经常活动区域的家具及墙角。

2. 物理屏障的设置
- 关闭的玻璃门。
- 在走道上安装临时的纱网隔离门。
- 将房门打开并固定出一个猫钻不过去的小缝隙。
- 如果外出笼不会使任何一只猫咪产生压力且原有的猫咪只有一只，可以将其中一只限制在外出笼内，并将外出笼放到另一只猫咪经常活动的空间，以此方式让两只猫咪产生接触。注意：要在外出笼内摆放可以隐藏视线的物品，比如纸箱或毛毯等。

时将原有猫咪限制在卧室内与猫奴一同休息，并把安置新猫的房间的门打开，让新猫可以自由探索。同样的操作也可以反过来进行。

2. 视线接触

要注意这个步骤，视线接触要在双方都完全放松并能接受对方的气味后才能进行。刚开始进行视线接触时可以设置一些物理屏障分隔，让双方仅进行视线接触但不能直接碰触对方。另外，在进行视线接触时，建议让猫咪有开心、放松的体验并由此产生正向联想，比如，在进行视线接触时放上很多零食与玩具转移猫咪的注意力，避免猫咪盯着对方看。对于家里不止一只猫咪的多猫家庭，则应该从一对一的视线接触开始，再进展到多对一。视线接触时间不宜过长，应在双方都还处于开心状态时结束视线接触并让猫咪回到各自的区域。可以在几天内持续进行多次视线接触。若接触过程中猫咪出现负面行为，应马上转移猫咪的视线，让它们回到各自的区域。

3. 在猫奴的监督下接触

若猫咪的视线接触都是放松且开心的，可以开始进行正式的接触。建议猫奴在双方都正在进行各自喜欢、开心的事情时，悄悄移除物理屏障。接触的目的是要让双方觉得对方的出现不会使自己有压力且不舒服，不一定要有直接的互动。如果双方都对接触感到开心且放松，则应尽可能频繁地让双方进行接触；如果接触使猫咪产生压力或引发了冲突，应立刻分开双方，并退回到视线接触阶段。

4. 无监督短期接触

若一切顺利，可以开始安排一次几分钟的无监督短期接触。在接触时应确保双方都有属于自己的资源，比如独立的食物、水盆、猫砂盆等，避免因竞争造成压力或冲突。安置新猫咪的房间的门也要保持敞开，以便新猫咪可以来去畅通。若在双方接触时观察到友善的互动，则可以延长无监督短期接触的时间，但接触外的时间还是要将双方带回各自的区域；若几次无监督短期接触都能观察到正向的互动，则可以让房间的门保持敞开，让猫咪可以自由接触。

在无监督接触下，有时猫咪会在某些区域发生冲突，可以安装芯片识别猫门，让特定的猫咪可以进去躲藏，或是创造一些环境元素，让猫咪依旧保有自己独立的空间，比如垂直的架子和走道等。最后，还要持续观察猫咪的相处情况，因为个体间的关系也会随时间或猫咪的适应情况发生改变。

新猫引入不当，经常会给新老猫咪带来莫大的压力与挫折感。

学习行为——驯猫高手
掌握正确的训练方式，避免错误的行为导向

猫咪跟人类一样，有极强的学习能力。不当的训练方式，经常会增加猫咪的错误行为，利用正向联想的帮助，可以让猫咪充满信心且高效地学习。

学习通常被认为是经验带来永久性行为变化，以及获取信息并将其保留下来成为记忆的过程。有些学习无须特别指导，有些则需要猫奴提供教导。以幼猫对猎食行为的学习为例，身为猫科动物，具有既定的行为模式：追踪、蹲伏、扑击。幼猫观察并学习母亲的行为，并经过多次尝试加以完善、提高。在动物的一生中，学习会经由表现、反馈与修正的循环持续发生，并在各个时间点塑造动物的行为。猫咪的学习能力具有极大的可塑性，猫咪在一生中可以借由与环境、其他动物的互动及观察持续学习。观察、互动的学习过程促成了每只猫咪个性的养成、身体的成长和个性化能力的形成。

动物有着不亚于人类的学习能力，但我们经常没有使用正确的方法训练它们。过去我们常以打骂或压迫性的方式训练猫咪，"猫乱尿尿就该打""幼猫乱咬人就应该骂"，诸如此类的过时观念，反而容易导致猫咪出现行为问

题。接下来，我们将探讨应该如何训练自己的猫咪，以及什么样的训练方式可以获得更好的效果。

在动物行为学中，学习能力的研究是非常重要的一环。学习大体上分为非联想式学习（Non-Associative Learning）与联想式学习（Associative Learning）。

非联想式学习分为习惯化（Habituation）和敏感化（Sensitisation）两种学习类型：习惯化是指通过同一事件的反复刺激，让个体对该刺激的反应变弱；敏感化与习惯化相反，是指反复发生的刺激使个体变得敏感，对该刺激产生较大的行为反应。

联想式学习分为经典条件反射（Classical Conditioning）和操作性条件反射（Operant Conditioning）。经典条件反射，又名古典制约，是使本来没有关联的刺激与反应产生新联系的学习过程，即经过学习后，原本不会引起某一反应的刺激（称为中性刺激）可以引发该反应。操作性条件反射，又名操作制约，是美国心理学家伯尔赫斯·弗雷德里克·斯金纳（B.F.Skinner）提出的。斯金纳对人和动物的学习进行长期研究后提出操作制约理

论，并以此为基础提出了强化理论，即利用对正强化或负强化的反应进行学习。目前，作为强化理论的实际应用范例，行为矫正在动物行为学界得到广泛使用，这也是目前应用最广泛的宠物训练方法。

强化理论

根据这些方法的使用时机建议，你会发现，任何动物训练都不建议在动物做错时使用惩罚的方式，也就是所谓的正惩罚（Positive Punishment，P+），这会引发动物的负面情绪且会阻碍之后的学习成效。现今比较推崇的训练方式还是以正强化（Positive Reinforcement，R+）为主。若正强化在使用上有困难，可以先进行负强化（Negative Reinforcement，R-）或负惩罚（Negative Punishment，P-），直到可以进行正强化为止。

举个贴近生活的例子，在训练猫咪时，若它们做错了什么事情，比如乱尿尿、咬坏家具等，不应该采取责备或体罚的方式（即正惩罚）来告诫它们。一来，等到你发现时，猫咪的错误行为可能已经过去几个小时了，猫咪并不能理解为什么被惩罚，甚至被惩罚后猫咪会直接联系到惩罚之前发生的事（例

强化理论

正强化（R+）	正惩罚（P+）
增加好的事物来强化行为	增加不好的事物来弱化行为
负强化（R-）	负惩罚（P-）
移除不好的事物来强化行为	移除好的事物来弱化行为

如，猫奴回家），从而造成错误的联想；二来，责备、体罚会给猫咪造成压力，进而影响其之后的学习效果，使猫咪未来的学习变得更加困难。因此，责骂和体罚不可取（不建议采取正惩罚）。

另一个常见的例子，在跟家里的猫咪玩耍时，如果猫咪开始啃咬你的手，此时你不应该斥责或体罚猫咪，而应立刻停止任何互动、游戏，移除"玩乐"这件好的事物，以减少刚刚的咬人行为。然后，制造一个猫咪可以理解并掌控的状况：给予猫咪先前已训练过的指令，比如"坐下"。因为先前的训练，猫咪很清楚这个指令与应该做的动作，所以猫咪不会感到紧张；若猫咪完成了指令，要立即给予奖励，增加"食物"这件好的事物，以强化刚刚的指令。通过这样的方式引导猫咪做我们希望它做的事，同时减少我们不希望猫咪出现的行为，以达到训练的效果（先进行负惩罚，再安排正强化）。

 猫奴笔记

身为猫奴，可以通过以下有关强化理论的重点说明，了解适合猫咪的学习模式，改变陈旧过时的训练观念，让猫咪快乐且高效地学习。

■ 正强化（R+）：加入某件好的事物以强化行为。此为最佳的训练选择，比如当猫咪做对某件事时，可以得到奖赏。

■ 正惩罚（P+）：加入某件不好的事物以弱化行为。比如猫咪做错某件事时给予处罚。这种方式容易产生负面结果，而且会阻碍动物的学习进程，因此不提倡使用。

■ 负强化（R-）：移除某件不好的事物以强化行为。比如说接近害怕中的猫咪，如果猫咪没有逃跑，那训练者应立刻离开。通常在无法进行正强化时使用，持续一段时间，直到可以进行正强化。

■ 负惩罚（P-）：移除某件好的事物以弱化行为。比如猫咪出现咬人行为时，应立刻停止互动与游戏。当然，若正强化对猫咪有效，还是以正强化为主。

响片的应用

响片是在动物训练中常用到的训练工具。在猫咪的训练中，一开始利用经典条件反射理论，让猫咪将响片的声音与奖励联系在一起，再以食物或零食作为奖励。利用响片发出的声响作为给予奖励的信号，通过正强化的方式来训练猫咪，即加入某件好的事物以强化行为。使用响片的最大目的是即时给予奖励，因为猫咪的许多行为总是在一瞬间发生，若我们无法及时地在行为发生的当下给予奖励，那么猫咪很有可能无法将奖励与好的行为联系在一起，进而导致猫咪产生错误的联想。因此，要通过已与经典条件反射联系的刺激－反应，让猫咪在出现好的行为时，立刻听到响片的声响，使猫咪知道这个行为会被奖励。当然，声响之外，还要切实给予奖励来完成训练。

正惩罚往往会带来负面的结果。

住宿与瘙痒——体外寄生虫预防
定时预防，虫虫退散

猫咪的体外寄生虫预防和接种核心疫苗一样重要。面对不同类型的驱虫药，猫奴除了要了解产品的特性外，也需要了解猫咪的使用需求，为猫咪提供最完善的保护。

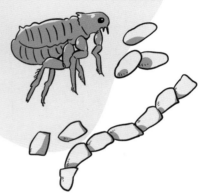

台湾地处亚热带和热带气候区，又受海岛环境影响，气候潮湿温暖，这样的环境相当利于宠物身上常见的寄生虫的生长与繁殖。台湾的宠物常见的体外寄生虫包括：跳蚤、蜱虫、耳螨、疥虫、蠕形螨等。猫咪身上最常见的寄生虫就是跳蚤，其次则是耳螨。由于蜱虫爬行缓慢，猫咪又经常理毛，所以与狗狗相比，蜱虫在猫咪身上相对少见。

跳蚤在成蚤阶段会寄生到猫咪身上，靠吸取宿主的血液为生，吸血时所留下的唾液，容易引起猫咪皮肤过敏，造成"跳蚤过敏症"，再加上跳蚤体型扁长、细小，能快速地在猫咪的毛发间穿梭，导致猫奴不易发现跳蚤的存在。被跳蚤寄生的猫咪会经常抓挠皮肤，并通过过度理毛、食入跳蚤等方式减少身上的跳蚤量。然而，理毛无法有效移除猫咪身上的跳蚤。即使猫奴正确地使用除蚤洗剂为猫咪清除身上的跳蚤，只要环境中仍然存在跳蚤族群，猫咪就会再次被寄生。

　　跳蚤的繁殖速度很快，成蚤寄生在猫咪身上后，24~48 小时内就会开始产卵，一天大约可产下 50 枚蚤卵。这样的繁殖模式，造就了有名的"跳蚤金字塔"，这意味着，环境中各阶段的跳蚤比我们看见的、想象中的还要多得多。

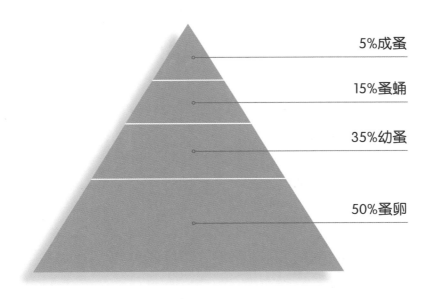

跳蚤金字塔

5%成蚤

15%蚤蛹

35%幼蚤

50%蚤卵

成蚤产卵后，蚤卵会随着宿主的移动掉落至地面，地面的蚤卵在 1 周左右会孵化成幼蚤，幼蚤依靠环境中的皮屑和掉落的成蚤粪便生活。1~2 周后，幼蚤会利用环境中的灰尘形成蚤蛹。最后，蚤蛹中的跳蚤会在感受到未来宿主走过身旁发出的震动后，破蛹而出跳上宿主，开始下一个循环。跳蚤的蚤蛹阶段时长不一，通常在 1 周至 6 个月之间。跳蚤能自行决定环境是否合宜，并在适当的时机破蛹，因此，一次性的除蚤往往无法有效清除跳蚤，建议除蚤至少要持续 6 个月，以完全打破跳蚤的生殖循环。

跳蚤生殖循环

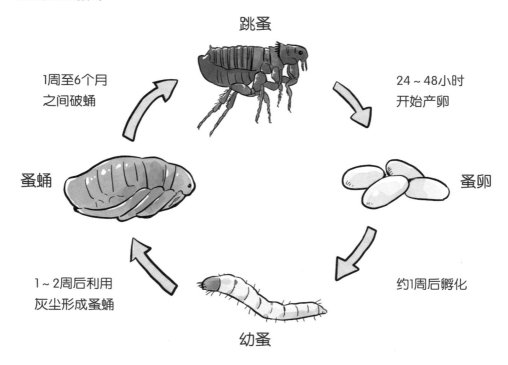

跳蚤

1周至6个月
之间破蛹

24~48小时
开始产卵

蚤蛹

蚤卵

1~2周后利用
灰尘形成蚤蛹

约1周后孵化

幼蚤

体外寄生虫预防

市面上有许多除蚤产品和复合式的体内外寄生虫预防产品，很容易让人看得眼花缭乱。如何选择合适的产品是一个复杂的问题。

如跳蚤金字塔所示，除了成蚤，跳蚤的大多数形态都处在猫咪身体之外的环境中，而目前市面上的除蚤产品基本无法杀死蚤蛹中的跳蚤，因此，一次性的除蚤方式，例如，使用除蚤洗剂、喷剂、水烟等无法有效地消除所有的跳蚤形态。如果在猫咪身上或是家中发现跳蚤，应连续使用除蚤产品 6 个月以上，同时定期进行环境清洁。有效的环境清洁方式包括使用吸尘器除尘、定期清洗猫咪的被窝等。吸尘器的震动可以促使顽固的蚤蛹孵化，变成可以被杀死的成蚤。此外，幼蚤与蚤蛹喜欢躲在阴暗的地方，比如家具的下方，所以进行清洁时别忘了移动家具以清扫家具下方的阴暗区域。

 猫奴笔记

■ 除蚤需要注意持续时间：选用除蚤滴剂等产品时，医生经常会嘱咐要连续使用 6 个月以上，其目的在于完全打破跳蚤生殖循环。

大多数猫用除蚤产品为滴剂形式，使用的频率为每月一次。患有跳蚤过敏症的猫咪哪怕只遇上一只跳蚤，就有可能产生超敏反应，所以在治疗的初期，医生可能会建议在治疗的首月缩短除蚤产品的使用间隔，每 2 周使用一次，以确保除去猫咪身上的所有跳蚤，之后再按照产品使用说明每月使用除蚤产品。这种使用方式属于"超药品说明书用药"（详细说明参阅第 76 页），务必遵从医嘱，并且要注意并非每一种除蚤产品都可以这样使用。

对于完全不出门的猫咪，在没有被跳蚤寄生的情况下，不需要每月使用除蚤产品，但要确保家中没有其他跳蚤来源，例如，家中人或饲养的其他宠物携带跳蚤。猫咪需要外出时，比如外宿或是前往宠物医院前，建议先给猫咪使用除蚤产品，以防猫咪将外面的跳蚤带回家。

驱虫前先详细阅读产品使用说明

为了方便消费者使用，目前许多商品化的驱虫产品被制作成复合型的滴剂，虽然内含成分可能不同，但大多都能同时处理跳蚤、耳疥虫、多种肠道寄生虫、心丝虫等体内外寄生虫，不过不同驱虫产品驱除蜱虫、蠕形螨、肺线虫的效果差异很大。另外，大部分的复合型滴剂不能驱除绦虫。这是因为绦虫的中间宿主为跳蚤，绦虫通常会经由猫咪在理毛食入跳蚤时进入猫咪体内，因此理论上只要没有跳蚤，猫咪被绦虫寄生的概率很小，而且绦虫通常不会对健康猫咪造成太大的影响。

各种驱虫产品有不同的预防对象、使用方式、年龄限制及注意事项等，猫奴在选用驱虫产品时一定要仔细阅读产品使用说明，特别要注意避免给猫咪使用含有"除虫菊"的狗用驱虫产品。建议猫奴与宠物医生讨论并拟订适合自家猫咪的体外寄生虫预防计划，以免所用的驱虫产品无法达到预期效果或是出现过度用药的情况。

 猫奴笔记

1. 发现猫咪身上有跳蚤时，请在除蚤的同时驱除绦虫。

　　绦虫为常见的肠道寄生虫，其中间宿主为跳蚤。大多数猫咪会在理毛时因食入跳蚤而被绦虫寄生，所以当你发现猫咪身上出现跳蚤时，除了除蚤，也要记得驱除绦虫。

2. 猫咪的外宿须知。

- 一年内有接种"核心疫苗"的记录。
- 外宿期间需使用体外寄生虫预防药物。
- 患有白血病或艾滋病的猫咪不可与其他猫咪同住。
- 请告知照顾人员猫咪的相关病史或护理需求。
- 为猫咪准备平常吃的食物与熟悉的睡垫、玩具，以及习惯的猫砂。
- 考虑使用猫咪信息素产品以减轻外宿猫咪的压力

猫咪体外寄生虫预防药物

药品信息	硕腾（Zoetis）	默沙东（MSD）			梅里亚（Merial）	
英文商品名	Revolution®	Activyl®	Bravecto® Plus	Bravecto®	Frontline® Plus	Broadline®
中文商品名	大宠爱®	蚤点灵®	贝卫多®全效滴剂（猫用）	贝卫多®	福来恩®增效滴剂（猫用）	博来恩®
剂型	外用滴剂	外用滴剂	全效猫滴剂	口服锭剂	外用滴剂	外用滴剂
主要成分	赛拉菌素（Selamectin）	茚虫威（Indoxacarb）	氟雷拉纳（Fluralaner）	氟雷拉纳（40~94 mg/kg 超药品说明书用药）	氟虫腈（Fipronil）甲氧普烯（Methoprene）	氟虫腈 甲氧普烯 乙酰氨基 阿维菌素（Eprinomectin） 吡喹酮（Praziquantel）
使用间隔	4 周	4 周	12 周	12 周	4 周	4 周
除蚤效果	36 小时内，98% 以上跳蚤死亡	12~24 小时，90% 跳蚤死亡	12 小时内可清除跳蚤	8 小时内，100% 跳蚤死亡	24 小时内可清除跳蚤	24 小时内可清除跳蚤
使用限制	8 周龄以上 6 周龄以上（澳大利亚）	8 周龄以上 0.9 kg 以上	9 周龄以上 1.2 kg 以上	24 周龄以上 1.2 kg 以上	8 周龄以上 0.7 kg 以上	7 周龄以上 0.6 kg 以上
怀孕 / 哺乳仍可使用	●					
目标对象						
跳蚤	●	●	●	●	●	●
环境中的幼蚤					●	●
棕色犬蜱虫					●	●
美国犬蜱虫			●	●	●	●
孤星蜱虫					●	●
鹿蜱虫			●	●	●	●
心丝虫幼虫	●					●
疥虫	●		（●）	（●）		（●）
蛔虫	●		●			●
钩虫	●		●			●
绦虫						●
虱子	（●）				●	●
铁线虫						（●）

注：（●）表示有实验证实效果，但产品使用说明书无直接标示或各国的产品使用说明书不同（2021 年 3 月更新

拜耳（Bayer）				维克（Virbac）		诺华（Novartis）	礼来（Elanco）	
Advantage®	Advantage® II	Advocate®	Seresto®	Effipro®	Effipro® Plus	Capstar®	Comfortis®	Cheristin®
旺滴静®（猫用）	旺滴静® II（猫用）	爱沃克®（猫用）	索来多®	易扑蚤®	易扑蚤®增效	诺普星®	恩福特®	克瑞星®
外用滴剂	外用滴剂	外用滴剂	项圈	外用滴剂	外用滴剂	口服锭剂	口服锭剂	口服锭剂
吡虫啉（Imidacloprid）	吡虫啉 吡丙醚（Pyriproxyfen）	吡虫啉 莫昔克丁（Moxidectin）	吡虫啉 氟氯苯氰菊酯（Flumethrin）	氟虫腈	氟虫腈 吡丙醚	烯啶虫胺（Nitenpyram）	多杀霉素（Spinosad）	乙基多杀霉素（Spinetoram）
4 周	4 周	4 周	32 周	4 周	4 周	单次效果	4 周	4 周
12 小时内，99% 跳蚤死亡	12 小时内，99% 跳蚤死亡	12 小时内，99% 跳蚤死亡	24 小时内清除跳蚤			6 小时内，90% 跳蚤死亡	4 小时内，98% 跳蚤死亡	12 小时内，90%~100% 跳蚤死亡
8 周龄以上 1 kg 以上 全年龄（澳大利亚）	8 周龄以上 1 kg 以上	9 周龄以上 1 kg 以上	10 周龄以上	8 周龄以上	8 周龄以上	4 周龄以上 0.9 kg 以上	14 周龄以上 1.8 kg 以上	8 周龄以上 0.8 kg 以上
●						●		
●	●	●	●	●	●	●	●	●
	●	●						
			●	●	●			
			●	●	●			
			●	●	●			
			●	●	●			
			●					
			●					
			●					
			●					
（●）	（●）	（●）	（●）	●	●			

抗药性

体外寄生虫预防产品为宠物的健康带来了福音，但随着这些产品的长期使用，跳蚤与其他体外寄生虫不可避免地对一些问世较久的产品产生了抗药性。研究发现，跳蚤与疥虫对部分产品产生了抗药性，因此猫奴在使用这些产品时要特别注意，在正常使用时是否存在效果异常等问题。遇到寄生虫可能对某种产品产生抗药性的情况，建议向宠物医生咨询，切忌自行增加用药量或缩短产品的使用间隔，以免用药过量导致宠物中毒。

抗药性的出现使我们应该更谨慎地使用体外寄生虫预防产品，猫奴、宠物医生、生产商也要协力合作，远离从前"通杀"的观念，依据每只动物的需求，有针对性地规划预防与治疗，以确保将来不会发生无药可用的情况。举例来说，肠道寄生虫并不需要每月驱除，没有生食习惯的健康室内成猫，并不需要定期体内驱虫，如果有需要，每3个月驱一次虫即可。在使用复合型滴剂时，若出于除蚤与预防心丝虫的需要，每月都进行驱虫的话，可能会出现过度预防体内寄生虫的倾向。

超药品说明书用药

"超药品说明书用药"是指产品使用说明中并未说明的针对某种动物、某种特定疾病的使用方式或某种使用方法。在驱虫产品的使用上，宠物医生偶尔会给出超药品说明书用药的建议，比如2周使用一次，或是将犬用口服产品用于猫咪。通常，超药品说明书用药都是基于案例研究、专家建议的使用方式，剂量可能与产品使用说明不同。因此，如果有特殊需求，需要与宠物医生讨论后，遵从医生的指示使用。

跳蚤是最常见的猫咪寄生虫。

恼人的蚊子——
猫心丝虫感染

提前预防，向心丝虫说"不"

猫咪的心丝虫感染相较狗狗来说更少见，诊断更为不易，且猫咪心丝虫感染的症状与狗狗不同，临床治疗也要比狗狗更加困难，猫咪还有可能发生猝死。对这样一种可怕但可预防的疾病，猫奴绝对不可轻忽，应谨遵宠物医生的建议使用合适的药物产品，并按指示剂量使用，以有效预防心丝虫感染。

心丝虫感染主要发生在狗狗身上，因为狗狗是心丝虫的最终宿主。心丝虫幼虫以蚊子作为传染媒介，并在宿主体内成长为成虫。成虫寄生于宿主的肺动脉与右心室中，体长不一，最长可达30 cm，可在狗狗体内存活5~7年。寄生期间，心丝虫会伤害宿主的心脏和血管内壁，引起肺部炎症，造成心肺功能障碍，甚至导致宿主死亡，可以说是相当致命的寄生虫。

心丝虫以蚊子作为传染媒介。当蚊子吸食被心丝虫感染的宿主的血液时，宿主血液中的未成熟的心丝虫第1期幼虫（L1）微丝蚴（Microfilariae）进入蚊子体内。2~3周后，微丝蚴在蚊子体内发育成具有感染力的心丝虫第3期幼虫（L3），并会借由蚊子叮咬健康犬猫的机会进入新宿主体内。心丝虫幼虫会穿透宿主的皮肤，在组织间移动并继续发育，进入血液循环并向肺动脉和心脏移动。感染宿主6个月后，心丝虫幼虫发育为成熟成虫并寄生于宿主的肺动脉及右心室中。成熟雌虫会繁殖微丝蚴，微丝蚴进入宿主的血液循环，再通过蚊子叮咬进入新宿主体内。如此循环往复，造成犬猫间的心丝虫感染遍布世界各地。

台湾地处热带及亚热带，地理位置使得台湾四季都会有蚊子的踪迹，是心丝虫感染的高发区。曾有调查发现，台湾每 4 只狗狗中就有 1 只感染了心丝虫。虽然现如今的猫奴普遍都有预防心丝虫的观念，但心丝虫感染症依然盛行。

狗狗感染心丝虫的常见症状为：咳嗽、精神不佳、食欲减退、运动不耐受、易喘、疲惫以及呼吸困难；若感染严重还会出现咯血、贫血、腹水、心肺功能衰竭、上腔静脉综合征等，甚至死亡。

猫心丝虫感染

猫咪感染心丝虫的症状与狗狗有很大差别。猫咪感染心丝虫后，大多数微丝蚴会被猫咪的免疫系统清除，少数微丝蚴会在进入猫咪体内 70~90 天时发育成心丝虫第 4 期幼虫（L4）和未成熟成虫，它们会移动并抵达猫咪的肺动脉。未成熟的心丝虫在死亡时会引起严重的炎症反应，导致猫咪肺部的呼吸道、间质组织与血管受损并出现病变，这些症状被称为心丝虫相关性呼吸系统疾病（Heartworm-Associated Respiratory Disease, HARD），会引发猫咪肺部病变。这些病变通常会在心丝虫感染后 6~8 个月逐渐消除。

心丝虫在猫咪体内发育为成熟成虫后处于寄生状态，导致猫心丝虫病（Heartworm Disease, HWD）发病的案例很少。患有心丝虫病的猫咪，其体内的成虫数量通常很少，仅有 1~2 只，且极少有微丝蚴产生。心丝虫会使猫咪出现炎症反应、超敏反应，成熟的成虫会造成与抵达猫咪肺动脉的未成熟成虫所导致的相似的肺部病变，但是成熟的成虫活体会抑制猫咪的免疫系统，使猫咪处在抵抗炎症的状态，因此心丝虫病的临床表现较少。心丝虫成虫在猫咪体内的存活时间较短，约 2~4 年，当心丝虫成虫死亡时，容易导致猫咪出现严重的肺炎与肺栓塞，有时还会造成猫咪急性死亡。

很多时候并不能直截了当地诊断出猫咪是否患有心丝虫感染症，猫咪过往病史和症状只能作为初步判断的依据，还需要进行血液抗原检测，结果为阳性，才能确诊猫咪体内有心丝虫成虫，但结果为阴性并不能排除心丝虫感染。此外，血液抗体检测也无法确诊或排除心丝虫感染的可能性。建议拍摄胸腔 X 线片，以确认猫咪的肺部与心血管是否存在病变，尤其是对于存在咳嗽、呼吸急促等呼吸道症状的猫咪。也建议进一步做心脏超声检查，以评估心丝虫的数量与猫咪的心脏状况。目前也有研究在评估其他检测方式的实用

性与可行性，比如断层扫描、肺部功能测试。

　　猫心丝虫感染症的治疗，主要是根据猫咪的症状，进行症状控制，采取支持疗法，并定期给予预防药物。一般的犬用杀心丝虫成虫产品，对猫咪具有毒性，因为这些犬用产品会立即引起成虫集体死亡，使猫咪容易产生严重的炎症反应与血管栓塞，甚至导致猫咪死亡，因此不建议在猫咪身上使用犬用杀心丝虫成虫产品。

治疗方法

　　猫心丝虫感染症是可以预防的，对于处于心丝虫感染症高发区的猫咪，建议定期给予预防产品。如果猫咪确诊心丝虫感染症，但尚未出现相应的症状，可以使用预防产品，比如大宠爱®、爱沃克®（猫用）、博来恩®等品牌的产品。如果担心猫咪在使用预防产品后会出现超敏反应，建议早上使用，并在宠物医院留院观察一天。多西环素（Doxycycline）的安全性仍须进一步进行评估，目前不建议使用。如果猫咪已经有呼吸道症状或者猫咪的胸腔 X 线片显示其肺部出现了病变，可以使用类固醇控制炎症反应，并根据症状好转情况逐渐减少剂量，同时开始使用预防药物；如果呼吸道症状非常严重或是有超敏反应，必须住院治疗。

开始治疗后的复诊

每 6~12 个月复诊一次，如果最初的血液抗原检测中母成虫抗原（即一般医院所用的快筛）呈现阳性，需要持续复诊 2~4 年（心丝虫成虫一般可在猫咪体内存活 2~4 年），直到血液抗原检测结果变成阴性。然而，由于感染心丝虫的猫咪体内可能只有 1~2 只成虫，若这些成虫均为公虫，则上述血液抗原检测无法检出。猫奴可以根据需要向宠物医生咨询血液抗体检测的相关细

心丝虫感染

- 心丝虫感染目前被列为人畜共通传染病，但人感染的概率很低，通常只有免疫力不佳者才会感染。心丝虫可能会寄生在人体肺部形成肉芽肿块，易被误诊为肺结核或肺癌。
- 心丝虫预防产品的功用为清除相应时期的心丝虫幼虫。不同品牌的预防产品有不同的效用时间。要达到预防效果，不能单单防止蚊子叮咬宠物。
- 有证据显示，莫昔克丁与赛拉菌素对于造成心丝虫相关性呼吸系统疾病的心丝虫第 4 期幼虫和未成熟成虫是有效的，有些宠物医生会建议使用含有以上成分的预防产品。

节。检查心丝虫感染的其他方式包括：心脏超声检查、观察症状变化、拍摄胸腔 X 线片等。然而，还是要提醒大家，体内携带心丝虫成虫的猫咪，不论采用哪种方式治疗，都有猝死的可能。

剃毛的猫咪，刚好让蚊子有机可乘。

全身都好痒——
猫咪食物过敏的发生及诊断
食物过敏相对少见，务必先排除所有问题

　　面对猫咪出现瘙痒症状，通常需要首先排除其他可能的问题，最后再怀疑出现食物过敏或是异位性皮炎的可能性。对于食物过敏，盲目地更换饮食无法解决问题，唯有进行严格的饮食排除测试，才能确认原因，找出可能的变应原！

　　作为尽责的猫奴，在见到猫咪抓挠身体时，不免会担心猫咪是否出现了食物过敏，尤其是对于定期进行体外寄生虫预防的猫咪。因为担心猫咪的瘙痒是食物过敏引起的，加之市面上有许多标榜"低敏"的猫咪食品，所以一些猫奴会在尚未了解猫咪完整的病史和确诊之前，自行更换饮食以解决问题。实际上，引发猫咪皮肤瘙痒的原因众多，如果缺乏全面的评估，单纯地更换饮食并不能解决问题，有时反而会引起猫咪的胃肠道不适，或是无谓地增加猫咪的压力。

　　根据统计，由食物过敏引发的猫咪皮肤病并不常见，仅占猫咪皮肤病的1%~6%，但实际发生率尚不明确，有可能高达17%。食物过敏在临床上经常表现为非季节性的瘙痒、皮肤病灶或伴随胃肠道症状等，而最常被报告的变应原为牛肉、乳制品以及鱼类等富含蛋白质的食物，并不是许多人普遍认

为的谷物。

食物过敏诊断应从"排除诊断"开始。通常应先确定猫咪皮肤瘙痒不是由食物过敏和异位性皮炎之外的问题引起的，这些问题包括体外寄生虫感染、皮肤感染、外伤、免疫媒介性皮肤疾病、肿瘤、行为相关问题与波斯猫脏脸综合征（Dirty Face Syndrome）等。排除以上问题后，想要确诊食物过敏需进行严格的饮食排除测试，再进行挑衅测试。注意：变应原检测无法成为食物过敏的诊断依据。

严格的饮食排除测试

选择排除测试的饮食需根据猫咪过往的饮食经历，在与宠物医生和营养专科兽医讨论后，选择引起猫咪食物过敏可能性最小的食物——通常是猫咪之前没有吃过的富含蛋白质的食物（肉类）和淀粉类食物——作为测试饮食。完整的饮食排除测试需持续 12~16 周，测试效果一般在 3~4 周体现，此时猫咪的瘙痒会开始缓慢地缓解，胃肠道症状会在 2 周内得到改善。

常见的 3 种排除测试的饮食包括：商品化的特殊蛋白饮食、自制的特殊蛋白饮食和水解蛋白饮食。

1. 商品化的特殊蛋白饮食

商品化的特殊蛋白饮食是常见的特殊肉类处方饮食。但要特别注意，如果怀疑可能是鸡肉引起的猫咪食物过敏，则不建议选用同是禽类的鸭肉配方

合格营养专科兽医/营养咨询渠道

- ■ 美国兽医营养学会
  AAVN (American Academy of Veterinary Nutrition)
- ■ 美国兽医营养学院
  ACVN (American College of Veterinary Nutrition)

食物，可以选择其他种类，比如鹿肉、兔肉等配方食物。另外，市面上也有许多标榜为特殊蛋白的"低敏"饮食。有研究发现，这些所谓特殊蛋白饮食的商品的标示与其内含物不符，例如，某种标榜单一特殊蛋白成分的商品被检测出含有其他蛋白，因此猫奴在选择商品化的特殊蛋白饮食时要特别注意。

2. 自制的特殊蛋白饮食

自制的特殊蛋白饮食被誉为饮食排除测试的最佳选择，但这种方式经常导致饮食出现营养不均衡的问题，比如蛋白质含量过高，钙质、维生素 B_1 及铁元素的含量低于建议标准；还可能导致猫咪胃肠道不适，以及因食物适口性不佳，猫咪只挑肉吃等问题。如果和宠物医生讨论后决定采用这种方式，强烈建议猫奴向合格的营养专科兽医咨询。如果周围没有合适的人选，可以考虑向具有资质的营养专科兽医线上咨询。

此外要特别注意，添加生食在诊断食物过敏这件事情上没有任何附加益处，甚至在添加生食时还需要额外考虑非免疫反应引起的饮食问题，诸如沙门菌（*Salmonella*）、梭状芽孢杆菌（*Clostridium*）、弯曲杆菌

（*Campylobacter*）和大肠杆菌（*Escherichia coli*）等细菌感染。即使可以使用巴斯德灭菌法灭菌，许多皮肤专科兽医及营养专科兽医仍然不建议猫咪食用生食。需要特别注意，如果猫咪正在使用免疫抑制剂，一定不能食用生食，因为这会大大增加弓浆虫（*Toxoplasma Gondii*）感染的发病风险。

3. 水解蛋白饮食

水解蛋白饮食主要是利用酶将饮食中的蛋白质降解至免疫系统无法辨识的程度，但这种方式仅对免疫球蛋白 E（IgE）媒介的免疫反应有效，所以反应可能不如预期。

不论使用上述哪一种饮食排除测试，可能都需要尝试多种不同的蛋白质或食物形式，才能找到合适的饮食。

严格的饮食排除测试后

通过以上 3 种测试方式找到不会使猫咪过敏的饮食后，理论上应进行挑衅测试——再次给予原先的饮食，以证实原先的饮食的确会引起皮肤瘙痒。此时，才算完成了"确诊"。想要知道猫咪对哪一种富含蛋白质的食物过敏，可以进行一连串的挑衅测试，每次引入一种富含蛋白质的食物（肉类），观察猫咪是否有超敏反应。也有猫奴不希望猫咪再有皮肤症状发生，而决定开始长期控制。举个例子，在选用某种蛋白来源的饮食 12~16 周后，猫咪皮肤瘙痒的临床表现逐渐消失，后续可以直接选择此蛋白来源的饮食进行长期控制。但

 猫奴笔记

■ 如果怀疑猫咪食物过敏，有 3 种经常使用的排除测试饮食：商品化的特殊蛋白饮食、自制的特殊蛋白饮食以及水解蛋白饮食。

如果想要测试出猫咪的变应原，则需要在饮食排除测试成功后，在排除测试的饮食中每次加入不同的富含蛋白质的食物（肉类），观察猫咪是否出现超敏反应，借以找到变应原。

食物过敏症在猫咪皮肤病中不算常见，希望大家在真的碰到时也能有信心与耐心，配合宠物医生做出诊断，并找到最佳的控制方式。

抽血做食物变应原检查没有临床意义。

第 **3** 章

成猫期

定期检查，预防可能的疾病

成猫期一般是猫咪的健康状况最稳定的时期，但这个时期还是有些易发的疾病与行为问题，建议定期检查、预防疾病、提早发现问题，以保持猫咪健康。

年度检查——
定期检查的重要性
提早发现，提早治疗！

　　猫咪老化的速度比人类快得多，且猫咪有隐瞒不适的天性，故定期的健康检查对猫咪来说极其重要。全面的健康检查不仅有血液检查，还包括完整的病史、问诊及理学检查等。通过这些检查，配合检验结果，可以了解猫咪的状况及可能存在的问题，及早发现、及早治疗。

　　3岁的成猫换算成人类的年龄，约为28岁，之后猫咪每增加一岁相当于人类年龄增加4~7岁。虽然各机构、大学对猫咪与人类年龄的换算稍有差异，但一个不争的事实是，猫咪的一年跟人的一年是无法相提并论的。鉴于猫老化的速度比人类快得多，寿命也比人类短得多，宠物医生都会建议猫奴带猫咪进行年度健康检查，对于处于不同生命阶段的猫咪，宠物医生建议的健康检查项目也有所不同。

 猫奴笔记

■ 每日观察、记录猫咪的饮食、饮水量，以及排便、排尿情形，如有异常，
　建议尽早就医。

"预防胜于治疗"，无论是人类医疗领域还是动物医疗领域，预防都是当前的主流观点。如果可以预防疾病，比如接种疫苗，可以完全避免疾病发生的危险与痛苦，当然是最好的结果；如果可以在疾病的早期发现并给予治疗，比如在肾病早期进行管控，会带给猫咪较好的生活品质，疾病的预后[1]也较好；如果可以提前了解疾病的发展，比如心脏病，预先做好准备，能减少紧急状况的发生。

猫咪擅于隐瞒身体不适，加上现今人们的生活节奏紧张，尤其是对于多猫家庭，猫咪患病早期的病征很容易被猫奴忽略；当猫奴发现猫咪的异常时，猫咪的病情可能已趋严重，并且拖延了一段时间。因此，随着猫咪的年龄增长，预先规划好相应的健康检查计划是相当重要的。

猫咪健康检查所包含的项目可多可少，视每只猫咪与猫奴的家庭条件而定。一般来说，最基本的猫咪健康检查包括和宠物医生的会面、问诊、理学检查[2]；接下来，根据每只猫咪的具体情况安排检查项目。健康检查并非单指血液检查，虽然血液检查是常用的筛选测试方法之一，也是非常有用的基本检测工具，但是只有血检结果的话宠物医生通常无法给出确切的诊断与建议。

注1：预后指医生对病情发展的预测。

注2：理学检查是指为了初步了解动物身体状态所进行的检查，通常会配合使用一些简单的器具，包括视诊、听诊、触诊、测量体温及水合状态检查等。

特别说一下问诊的部分，因为问诊可以说是猫咪健康检查中最重要的环节。宠物医生会根据猫咪的过往病史规划健康检查中必要的项目。一般来说，对于健康检查的结果，宠物医生也需要结合猫咪的过往病史与理学检查做进一步的判断。此外，猫咪不仅会隐瞒身体不适和疾病，在不熟悉的环境（比如宠物医院），猫咪还容易出现异于平常的表现或过度紧张，这会影响理学检查的结果，所以宠物医生需要通过问诊向猫奴了解猫咪日常的状况，以配合理学检查做出合理的评估。

如果你的猫咪对于不熟悉的环境容易过度紧张，甚至出现攻击性行为，导致健康检查难以如预期的那样进行，建议提前咨询宠物医生。在前往宠物医院前的 2~3 小时，可以给猫咪使用缓和情绪的辅助药物。最好选择有独立诊疗室的宠物医院，避免猫咪在宠物医院一再累积负面情绪而产生抗拒心理，导致看诊的难度越来越高。

有些猫咪看到外出笼就会躲起来，很难带出门，更遑论去宠物医院做健康检查了。关于如何让猫咪适应外出笼的问题，详见"重要的盒子——外出

宠物医生问诊时常问的问题，即基本病史需求

- ■ 猫咪平常的饮食种类与习惯。
- ■ 猫咪的精神、食欲与进食状况。
- ■ 猫咪有没有呕吐，排便、排尿是否正常？
- ■ 猫咪有没有异于平常的状况、行为发生？
- ■ 疫苗接种、体内外寄生虫预防情况。
- ■ 重大病史与用药情况。

笼"部分。如果可以通过早期训练让猫咪习惯外出笼是最好的，不过成猫也是
可以经过慢慢训练适应外出笼的。外出笼训练的目的是让猫咪形成外出笼与
好的体验的正面联想。不能强行将猫咪装进外出笼，以免给猫咪造成压力与
负面影响。

常见的猫咪血液检查项目

健康检查中较为常见的项目之一就是血液检查，下列 5 项是血液检查的
常见项目。

1. 传染病筛检

猫心丝虫抗原／抗体筛检、猫白血病病毒抗原筛检、猫免疫缺陷病毒抗体筛检。

2. 全血细胞计数

红细胞、中性粒细胞、嗜酸性粒细胞、嗜碱性粒细胞、单核细胞、淋巴细胞、血小板及各项比值变化。

3. 血生化检查

● 肾功能指标：尿素氮（BUN）、肌酐（CREA）、对称性二甲基精氨酸（SDMA）。

● 肝功能指标：白蛋白（ALB）、总蛋白（TP）、谷丙转氨酶（ALT）、碱性磷酸酶（ALKP）、γ - 谷氨酰转移酶（GGT）、总胆红素（Tbil）。

● 电解质：钠（Na）、钾（K）、氯（Cl）。

● 其他：血糖（GLU）、血钙（Ca）、血磷（Phos）、球蛋白（GLOB）、胆固醇（CHOL）、血清总甲状腺素（TT4）。

4. 血液气体

动／静脉血各项气体、酸碱离子数值（急诊使用较多）。

5. 尿液检查

尿比重、尿液试纸检测、尿残渣镜检、尿液培养。

 猫奴笔记

可根据猫咪的具体情况，决定是否进行以下检查

■ 理学检查　　　　■ 血液检查　　　　■ 尿液检查
■ 粪便检查　　　　■ 影像学检查　　　　■ 神经学检查
■ 其他检查

猫咪各阶段健康检查建议的间隔时间与检查项目

		检查间隔	项目
	幼猫：出生至 6 个月		全血细胞计数（+/-）、血生化检查(+/-)、尿液检查(+/-)、艾滋病／白血病筛检、粪便检查。
	青少年猫：7 个月至 2 岁		
	成猫：3 岁至 6 岁	每年一次	全血细胞计数（+/-）、血生化检查（+/-）、尿液检查（+/-）、血清总甲状腺素（+/-）、血压（+/-）、艾滋病／白血病筛检（+/-）、粪便检查。
	熟龄猫：7 岁至 10 岁		全血细胞计数、血生化检查、尿检、血清总甲状腺素（+/-）、血压（+/-）、艾滋病／白血病筛检（+/-）、粪便检查。
	中老年猫：11 岁至 14 岁	每半年一次	全血细胞计数、血生化检查、尿液检查、血清总甲状腺素、血压、艾滋病／白血病筛检（+/-）、粪便检查
	老年猫：15 岁以上		

常见的猫咪采血方式

1．颈静脉采血

  颈静脉位于猫咪颈部两侧，采血方式通常为将猫咪颈部局部剃毛后，由一位助手协助宠物医生将猫咪以坐姿或趴姿固定，然后将猫咪的头部轻微上抬，如果猫咪情绪稳定，短时间就能采集到足够的血量。

2．股静脉采血

  股静脉位于猫咪大腿内侧，采血方式通常为将猫咪大腿内侧局部剃毛后，由两位助手一前一后将猫咪以侧躺的姿势固定，露出猫咪的大腿内侧进行采血。股静脉采血通常在只需要少量血量、猫咪可能有凝血问题或者无法进行颈静脉采血时使用，采集到所需血量花费的时间较长。

颈静脉采血。

股静脉采血。

不是感冒的咳嗽——
猫哮喘与慢性气管炎
咳嗽不该被忽视，维持呼吸道健康

猫哮喘属于过敏性疾病，哮喘发生时，咳嗽是常见的临床表现之一。有相关问题的猫咪，发病频率及持续的时间可能不尽相同，一旦排除其他问题后，除了减少呼吸道刺激外，还要根据病程及发病频率用药，才能确保对疾病的良好控制。

人类哮喘，是一种气管与支气管的慢性炎症疾病，会出现咳嗽、喘息及运动不耐受的症状，这是由于过多的黏液分泌、呼吸道水肿及支气管收缩，导致呼吸道变窄影响了呼吸。目前，我们认为猫哮喘与人类哮喘相似，但不完全相同，对于引起猫哮喘的确切致病因素，还需要进一步的研究。

"猫哮喘"与"慢性气管炎"这两个名词在猫科医学中常常是通用的，它们的致病机制有一些差异，但在临床表现上无法有效区分，治疗与控制方式也是相同的，因此，在临床上，它们通常被视为同一种疾病。

哮喘是肺中的小支气管对于刺激过度反应造成的，刺激可能源于变应原或是刺激物。除了造成呼吸道的炎症反应与黏液分泌增多外，最重要的是，哮喘会引起呼吸道周围的平滑肌收缩，造成呼吸道严重变窄导致呼吸困难。

慢性气管炎是因为吸入带有悬浮微粒的空气，比如二手烟、花粉，导致小支气管的炎症反应与黏液分泌增多。炎症反应与黏液增多是导致呼吸道变窄与呼吸困难的主要原因（呼吸道周围的肌肉也会出现收缩），但并非慢性支气管炎的主要病因。

猫哮喘或慢性气管炎的症状因严重程度不同而有所不同，其临床表现可能是持续性的或是间歇性的，常见的症状包括张嘴呼吸、呼吸困难、呼吸有喘鸣音（Wheeze）、咳嗽、干咳、呕吐、嘴巴或舌头发紫、伸长脖子贴地呼吸、无力等。导致哮喘或慢性气管炎的变应原与刺激物可能是花粉、烟尘、粉尘、香水等悬浮微粒。另外，与哮喘的症状类似的疾病包括肺炎、潜在的心脏疾病或其他肺部疾病、寄生虫病、精神极度紧张等。

猫哮喘或慢性气管炎并非猫奴想象的那样能在诊断后直接得出结论，由于哮喘的症状与心丝虫病、肺炎、肺线虫病、肺癌等有相似之处，所以宠物医生需要对猫咪的过往病史、临床表现、理学检查进行初步评估，然后安排进一步的检查，包括血液检查、影像学检查、肺线虫检查、支气管镜检查、呼吸道冲洗采样（进行细胞学检查和微生物培养）等项目，以排除其他疾病并做出最终诊断。

 猫奴笔记

留意猫咪的喘气行为
- 猫咪一般不会像狗一样张开嘴巴喘气，如果这种情况出现，表明存在某种状况让猫咪刻意这么做，例如，呼吸困难或极度紧张。猫奴需要对此特别注意！如果这种情况持续发生，建议紧急送医。

哮喘、慢性气管炎的治疗

一般来说，找出并消除发病诱因或加剧因子，是治疗哮喘和慢性气管炎的理想方法。举例来说，在确诊哮喘或慢性气管炎后，如果猫咪过胖则需要减重，因为肥胖会使呼吸困难的情况加剧；尝试找出家中可能的变应原或刺激物，例如花粉、香水、喷剂、猫砂粉尘、二手烟等。有些猫咪会出现季节性的症状，也可以由此来推论可能的变应原或刺激物。如果出现二次感染，例如细菌或霉浆菌感染，则需要给予适当的治疗（比如给予药物），帮助控制疾病。

哮喘、慢性气管炎属于慢性疾病，没有完全治愈的方法，除非能找出变应原或刺激物并加以消除（大多数情况下无法找出发病诱因）。因此，后续的治疗目标是实现良好的控制、减少发病频率及减缓肺部的病变。除了控制环境，一般会通过药物进行长期治疗。使用的药物主要有两类：皮质类固醇及支气管扩张剂。皮质类固醇用来消除炎症，而支气管扩张剂用来维持呼吸道畅通。

治疗初期，多以口服或注射针剂的方式定期给予猫咪药物，以达到快速控制病情的目的。建议随着治疗的持续慢慢换用定量气雾剂，经由呼吸道吸入的方式给药。此种给药方式可以使药物在肺部积累至高浓度，且不易进入血液，所以相较于口服类与针剂类药物，定量气雾剂可以更有效地控制病情，而且可以降低药物的副作用。

防止猫咪急性哮喘发作的方法

由于哮喘没有完全治愈的方法，所以除了用药物控制病情外，调整生活习惯、生活环境以减少发病频率非常重要。理想情况下，可以通过减少对呼吸道的刺激、均衡饮食、管理体重，并依照病程及发病频率配合用药实现良好的控制。

猫咪定量吸入气雾剂的使用

定量吸入气雾剂在控制人类哮喘方面使用普遍，最常见的定量吸入气雾剂就是按压后由嘴部吸入的产品。与人类不同，猫咪不会自行吸入，也无法掌握吸入时机，所以猫用定量吸入喷雾剂多半配有筒状的辅助吸入装置，比如猫气动（Aerokat）产品，其一端为小型面罩，另一端为可嵌入定量气雾剂的开口。药物先被定量喷入辅助吸入装置的筒身中，再由面罩端被猫咪吸入。观察筒身中气阀的摆动次数，可以确定猫咪吸入药物的量。在使用辅助吸入装置时，建议预先让猫咪熟悉面罩附在脸部的感觉，待猫咪适应后，再开始

 猫奴笔记

减少哮喘发病频率的建议

- 正确地使用药物。
- 让猫咪尽量处在无压力的状态，压力可能导致过敏及哮喘症状加重。
- 不要在猫咪周围使用芳香剂、香水、发胶喷雾、地毯除臭剂等味道强烈的产品。
- 选用低尘或无尘的猫砂。
- 室内过于干燥时可以使用加湿器，因为干燥的空气可能会诱发哮喘。
- 帮助猫咪保持轻盈的体态，过度肥胖可能加重哮喘。
- 如果猫患有哮喘，应确保室内无人抽烟。

喷入药物。药物一般分为"平常控制用"与"紧急状况用"两种类型，请遵照宠物医生的指示为猫咪选择合适的药物，后续也要持续观察记录、定期回诊并与宠物医生讨论及调整治疗方案。

猫哮喘与慢性气管炎的预后

猫哮喘、慢性气管炎属于慢性疾病，预后情况主要由疾病的严重程度决定。在大多数病例中，适当的治疗可以大大减轻猫咪的临床症状，提升猫咪的生活品质。一般来说，患病猫咪需要长期治疗，当急性且严重的哮喘发作时，如果没有进行积极且及时的治疗，猫咪可能有生命危险。另外，对于确诊的猫咪，即使没有临床症状，猫咪的肺部与小支气管仍会存在炎症和气道重塑（Remodeling）；某些患病猫咪即使经过治疗，其肺部仍会持续恶化与受损，导致不可逆的纤维化，最终导致死亡。

因此，一旦确诊猫咪患有哮喘、慢性气管炎，即使没有明显的临床症状，仍建议进行适当的治疗与控制，以减缓猫咪下呼吸道重塑的情况。定期回诊检查、及早控制，以防止肺部状况恶化。猫奴应遵从宠物医生的建议行动。

猫咪使用猫气动吸入装置。

搬家与焦虑——
紧迫与自发性膀胱炎
定期观察并记录，注意有无排尿异常

目前，猫咪的自发性膀胱炎，被认为与猫咪应对压力的神经内分泌系统出现问题连带影响到膀胱壁有关，尤其是公猫，要特别注意其是否存在尿道阻塞。在照顾存在相关困扰的猫咪时，必须把导致猫咪产生压力的因素一并纳入考量，以避免自发性膀胱炎持续复发。

猫咪的自发性膀胱炎，大概是让猫奴最头痛的问题之一。这种疾病不但容易复发，还可能造成公猫的尿道阻塞。曾经带猫咪到宠物医院就诊的猫奴，或许都听宠物医生提过"压力""膀胱炎"等字眼。自发性膀胱炎并不是一般的感染、结石等引起的膀胱发炎，临床表现上虽然都是下泌尿道症状，但实际上自发性膀胱炎的致病因素尚未完全厘清，目前认为自发性膀胱炎是猫咪体内的神经内分泌系统出现问题导致的。自发性膀胱炎的英文是 Idiopathic Cystitis，Idiopathic 一词意为"病因不明的"，因此，自发性膀胱炎可以从字面上理解为"病因不明的膀胱炎"。

在诊断自发性膀胱炎时，必须首先排除其他可能引起下泌尿道症状的因素，比如膀胱结石、泌尿道感染等。建议先进行基本检查，包括尿液检查与尿液培养，以排除感染问题，以及影像学检查（Ｘ线片与超声检查），以排除结石与泌尿道形态结构问题。若膀胱存在炎症，且其他引起下泌尿道症状的原因都排除了，那最大的可能就是自发性膀胱炎。

自发性膀胱炎有时候处理起来很棘手，因为其致病因素至今尚未了解透彻。我们只知道该病与压力有关。目前认为自发性膀胱炎并不是膀胱本身的问题，其部分发病原因是猫咪对于压力的反应机制出现了问题，导致猫咪感受到压力后，交感神经会在较长的时间内处于过度活化的状态，即使移除压力因子，猫咪仍然会有 3~5 天的压力持续，而这些神经内分泌性的刺激，连带影响到了膀胱壁，这被推测是造成膀胱发炎的主因。

自发性膀胱炎目前被认为是猫咪脑部调控压力反应的机制出现问题导致的，同时人们也发现患病的猫咪容易有胃肠道或皮肤问题。至于造成猫咪压力反应的机制出现问题的原因，尚不清楚是遗传性的，还是由于幼猫期的经历造成的。

自发性膀胱炎属于自限性疾病，若没有造成尿道阻塞，3~5 天膀胱就会逐渐恢复，但是自发性膀胱炎发病时猫咪的膀胱会非常疼痛，因此当急性症状出现时，给猫咪使用止痛药非常重要。此外还要注意，约有 15% 的猫咪的自发性膀胱炎会演变成慢性的自发性膀胱炎。

居家环境中可能的压力来源

- 搬家。
- 家中摆设改变。
- 家中出现新成员，例如婴儿。
- 家中成员变动，例如猫奴出差、猫或狗同伴离开。
- 新宠物加入。
- 水、食物、猫砂盆等资源不足。
- 没有躲藏的地方。
- 噪声。
- 没有规律的玩乐时间，无聊。

对于患过自发性膀胱炎的猫咪，压力通常是诱发自发性膀胱炎的重要因素。在长期控制疾病时，首先，要尝试找出猫咪压力的来源，若无法确认压力来源并移除，可以尝试减去所有可能造成压力的因素。其次，可以搭配饮食、抗抑郁保健品、其他保健品等配合控制。若以上措施都没有效果，可以与宠物医生讨论给予抗抑郁药物。常见的抗抑郁药物包括：三环类抗抑郁药（Tricyclic Antidepressants，TCA）和 5-羟色胺再摄取抑制剂（Selective Serotonin Reuptake Inhibitors，SSRI）等。这些药物一般不会马上见效，需要使用 4~8 周再进行评估。

 猫奴笔记

■ 自发性膀胱炎并没特效药，建议猫奴与宠物医生讨论，共同制定一个有针对性的、多元化治疗方案。

饮食与保健食品

以下是照顾患有自发性膀胱炎猫咪的饮食建议及保健品使用建议，供猫奴参考。

1. 饮食建议

- 市面上有多种处方粮，可以多做尝试以确定猫咪的偏好。
- 更换饮食应循序渐进，不要在疾病急性期更换饮食。
- 多摆放水碗或增设流动饮水器，提供不同形式的饮水器皿或方式。
- 水需经常更换，以保持新鲜。
- 使用湿食或在饮食中加水。
- 避免强迫灌水增加猫味的压力。

2. 常见抗抑郁保健品

- 苏劲（Zylkene）。
- 安丽宁 ™（Anxitane）。

3. 其他常见保健品（实验证据较少，副作用小，可尝试使用）

- 利尿通。
- 安泌利。
- 优泌可。

4. 其他

- 费利威 ® 猫信息素插电扩散型制剂／喷雾剂。

5. 抗抑郁药物

- 三环类抗抑郁药。
- 5-羟色胺再摄取抑制剂。

水的迷思

　　网络上流传着许多"偏方"，其中一帖"偏方"是这样的：猫咪出现下泌尿道问题时多喝水就好，不用去看医生。整体来说，多喝水对猫咪是有帮助的，尤其是在处理下泌尿道问题时，水可以降低尿液的饱和度，减少结晶的形成。但是多喝水并不能从根本上解决猫咪的压力问题，因此对于自发性膀胱炎这种因压力的应变机制出现问题而间接导致的疾病，仅增加猫咪的饮水量往往无法获得直接的改善。我曾听说有猫奴使用针筒给猫咪强迫灌水，然而对于患有自发性膀胱炎的猫咪而言，这样做不但没有效果，还会带来更多的压力，所以当猫咪出现下泌尿道相关的问题时，强烈建议猫奴先咨询宠物医生，找到致病因素后，再安排治疗计划。

强迫灌水很容易使猫咪产生负面联想，
让猫咪更讨厌水。

不在猫砂盆里上厕所——
随地大小便的诊断与解决方法
随地大小便的背后，可能隐藏着疾病或行为问题

在猫咪的行为问题中，在异常位置大小便大概是最常被报告且最让猫奴头痛的了。常见的原因包括：疾病、自发性膀胱炎、社交或环境因素及做记号。在无法确定原因时，咨询宠物医生是最好的办法。借由排除法，将可能的原因逐一排除，以确定产生问题的原因并加以解决。

猫咪在家中随地大小便是非常令人头痛的问题。据英国临床动物行为协会（Clinical Animal Behaviour Associations，CABA）2012 年的统计，在被转诊来看行为问题的猫咪中，45% 的猫咪是因为在家中随地大小便。但是，猫咪会有这样不正常的行为，多数时候是有原因的，这也代表着猫咪正在向你传递信息：可能是猫咪生病了，抑或猫咪有其他的行为问题。在美国猫科从业者协会和国际猫科医学协会鉴别猫咪不正常位置便溺的指南中，该行为有以下 3 种分类：疾病相关（例如，自发性膀胱炎）、社交或环境因素相关及做记号。

可能导致猫咪在家中不正常便溺的疾病

疾病	乱尿尿	乱排便
下泌尿道疾病	✓	
慢性肾衰竭	✓	
糖尿病	✓	
尿失禁	✓	
腹泻		✓
便秘		✓
甲状腺功能亢进症		✓
胃肠道疾病		✓
大便失禁		✓
关节炎	✓	✓
认知障碍	✓	✓
肌肉无力	✓	✓
视力受损	✓	✓

疾病相关

有非常多的疾病可能导致猫咪在家中随地大小便。例如，导致多尿的疾病通常会让在家中如厕的猫咪因为尿量变多而来不及去猫砂盆上厕所；而平常出门如厕的猫咪，则会因为需要出门的次数变多转而选择在家中安全的地方如厕。此外，老年猫可能因为关节炎造成的疼痛影响行动，而没有办法顺利到达比较小、又摆放在较高位置的猫砂盆，从而出现不在正常位置如厕的情况。最后，猫咪出现视力退化和认知障碍也有可能导致它们在异常位置大小便。

当猫咪发生一次或多次的下泌尿道症状（血尿、尿频、排尿困难），且经过完整的检查，没有办法找出原因时，则可以诊断为自发性膀胱炎。临床上并没有单一针对自发性膀胱炎的检查工具，因此都是以排除法进行诊断。猫咪的自发性膀胱炎可分为"阻塞性"和"非阻塞性"两种。阻塞性自发性膀胱炎较常见于年轻、体重过重的公猫。经常有猫奴反映，患有阻塞性自发性膀胱炎的猫咪容易受到惊吓，并出现焦虑、黏人等异常行为。

社交或环境因素相关

一旦自发性膀胱炎与其他疾病的可能性被排除，接下来要通过猫咪在异常位置的便溺行为出现的时间、尿液或粪便的形态、排泄量、如厕的姿势、发生位置与发生频率等，来确认猫咪是在排泄还是在做记号。二者在如厕的特定位置、频率与排泄量上，有较为明显的差异。一般来说，当我们发现家中的猫咪随地大小便时，应首先思考这是否只是正常的排便，以及为什么猫咪要在这个特定或吸引它的位置如厕。

猫咪通常会选择在安静、隐秘且不会被打扰的地方上厕所，如果确认猫

咪不是在做记号，可
以观察猫砂盆与异常
便溺的位置，把猫砂盆
转移到私密性更强的地
方，同时也要考虑猫砂的种
类和猫砂盆的设计（例如猫砂
盆的大小、有没有顶盖）。

　　社交、环境因素主要可以分为"与猫砂盆有
关"和"与负面情绪有关"两种类型。与猫砂盆有关的问题包括：猫砂盆的数
量、曾有不好的如厕体验、如厕时被人或其他宠物关注、厌恶猫砂盆、有特
定的偏好（例如，特定的猫砂种类、位置的偏好）。与负面情绪有关的问题，
可能是某些生理或社交、环境因素让猫咪感受到压力，这样的负面情绪反应
可以根据动机情绪理论被分为焦虑／害怕、挫折，以及恐慌／失去。

1. 变化造成的压力

　　一般来说，我们可以根据猫咪的领地性和自给自足的捕食者天性，来推
导猫咪产生压力的可能来源。猫本身缺乏生物社交的需求，只有在特定的状
况下，才会享受群体生活。最直接的例子就是资源的丰富性，对猫咪来说，
所需的生活资源包括：喂食区域、水盆、猫砂盆、猫窝、猫抓板、高的休息
处、玩具及躲藏的地方等。猫咪是自给自足的生物，猫咪的天性促使它们将
"远离危险"摆放在第一位，因此只会在熟悉且习惯的区域活动，一旦有任何
新的物体或是气味出现在猫咪的领地，猫咪就会谨慎地探索，因为这些对猫

咪来说都是可能的威胁。因此，家里的环境若相较于往常有较大的变化，比如扩建或是铺设新的地毯，都有可能打破猫咪对原本环境的熟悉感并减弱它们对环境的掌控感，而这些不熟悉的变化足以使猫咪产生压力，并导致猫咪疾病的发生。

家中的环境可能存在许多给猫咪带来压力的源头，面对不同的压力来源，猫咪的反应会逐层累加，所以在移除环境中最明显的压力来源后，仍然需要按照压力评估表格继续评估其他方面。需要注意的是，猫咪的压力也可能来自嗅觉与听觉。

 猫奴笔记

1. 猫咪对猫砂盆感到厌恶的可能原因

■ 干净程度。

■ 猫砂的种类。

■ 猫砂的气味。

■ 猫砂盆过小。

■ 猫砂盆摆放的位置（例如，摆放在

食物附近）。

■ 猫砂盆的种类（例如，有盖、无盖、顶掀式、自动式）。

■ 砂盆袋的使用。

■ 除臭剂过香。

2. 负面情绪及相关例子

■ 焦虑／害怕：某些原因让猫咪感到焦虑或害怕使用猫砂盆。

■ 挫折：猫咪被限制在某个地方，无法掌握主动权。

■ 恐慌／失去：猫咪有分离焦虑症。

猫奴笔记

1. 可能的环境压力来源

■ 嗅觉：香烟、除臭喷雾、其他动物的气味等。
■ 听觉：隔壁吵闹的邻居、大声的音乐、车流声、家电的震动声等。

2. 同物种间的压力来源

■ 陌生或不熟悉的猫咪。
■ 引入新猫。
■ 有猫咪离开熟悉的群体（死亡或离开）。
■ 其他猫咪返回家中（看宠物医生回来）。
■ 交配（绝育、未绝育、发情中的猫咪混合饲养）。
■ 邻居家中有新猫。
■ 附近的猫族群数目太多。

3. 不同物种间的压力来源

■ 家中人类的改变（寄宿、访客、小孩上大学、生小孩）。
■ 猫奴古怪、不可预测的行为。
■ 猫奴经常不在家。
■ 猫奴惩戒猫咪。
■ 侵入式的互动方式（小题大做、过多的接触、持续性的关注）。
■ 猫奴无理的安全考量（把猫咪限制在某个地方，容易让猫咪感觉无助）。
■ 没有完整的引入程序就让狗与猫咪接触。

2. 环境及猫奴的压力

　　系统地评估猫咪的生活背景，以确定可能的压力来源。由环境因素造成的压力可以分为实体环境（室内的／室外的）、社交环境（不同物种间／同物种间），以及饲养管理 3 类。实体环境包括猫咪在生活中接触到的所有东西，即使猫咪生活在室内，其能够接触到的外界声音、影像及气味等都属于实体环境的一部分。一些猫咪没有接触过的气味可能经由我们的鞋子、衣物与购物袋被带入家中。此外，猫咪具有领地性，房子的周围及花园等地方都会被猫咪纳入自己的领地范围，即使只是家附近的猫咪数目增加，也有可能成为猫咪压力的来源，所以压力几乎很难避免。

　　猫奴对猫咪的饲养管理，会深刻地影响猫咪的生活模式，即使将猫咪永久地饲养于室内，只要猫奴能提供足够的资源、足够的空间满足猫咪的正常行为需求，通常猫咪不会产生压力。然而，过于熟悉的环境与空间，虽然为猫咪提供了安然无虞的生活环境，但因为缺乏新鲜事物，使得猫咪接触到的刺激偏低，一旦未来出现新的事物，猫咪更容易产生压力，甚至过于无聊也可能成为猫咪压力的来源。有些猫奴选择让猫咪出入一些封闭的户外空间，但猫咪不能直接随意地进出，在设计这样的户外空间时要特别注意：要永远记得猫咪需要垂直的空间。此外，空间大小和屋顶高度是否会让其他猫咪轻易抵达也需要考虑，要避免外来的其他猫咪出现在高处，成为家里猫咪的压力来源。

做记号

　　猫咪用尿液做记号是一种正常的行为，目的在于留下其化学信息用于沟通。这种行为在未绝育的猫咪中出现的概率大于绝育的猫咪。做记号的主要目的是标示领地、资源，以及减少社交上的直接冲突。典型的做记号姿势包括站姿、尾巴颤抖、后脚轻微踮高、喷洒尿柱等。喷洒的尿量会因膀胱容量不同而有差异，但通常不会超过 2 ml，并以花洒式的喷洒为主。猫咪做记号的频率并不固定，通常与正常的排尿时间不一致。大多数时候，做记号的猫咪会将尿液喷洒在垂直面上，这样较容易被其他猫咪发现，但有些母猫也会在水平面上做记号。

用尿液做记号最主要的原因有二："性行为"和"反应行为"。以性行为为目的做记号，是未绝育的公猫和母猫为了展示自己在性行为方面的接受度，已绝育的公猫和母猫这样做的概率会显著下降。以反应行为为目的做记号，经常发生在猫咪的社交环境或实体环境改变时，特别是在猫咪吃饭、睡觉及玩乐的核心领地出现变动时。不管是自信的猫咪还是焦虑的猫咪，在这种情况下都会出现用尿液做记号的行为。问题性的做记号行为，发生于当猫咪在室内感受到威胁时，此时猫咪会利用做记号的方式来减少肢体冲突发生的可能性并增强自己的安全感。其实，做标记的行为仅仅只是猫咪过度强烈的情感反应，真正潜在的问题是对于威胁的感知。

 猫奴笔记

经常被反复做记号的位置

- 主要通道的出入口处。
- 主要通道旁的窗帘。
- 气味经常改变的物品（西装、手提包、鞋子、外套等）。
- 经常会被加热又冷却的东西，推测与温度改变时气味的变化有关。

猫砂盆的入口被另一只猫咪阻挡，在害怕及挫折下，
猫咪可能会出现不正常的便溺。

好多黑头、粉刺——猫咪下巴粉刺
面对粉刺，适度的清洁与控制很重要

猫咪下巴粉刺出现的原因众多，依据症状的不同，控制的方式也不尽相同。有些猫咪天生比较容易出现下巴粉刺，除了根据可能的原因进行预防外，经常性的清洁也会有相当大的帮助。

相信许多猫奴都发现过猫咪的下巴上有一点一点的黑黑的东西，有时还伴随着红肿，有时又很像单纯的脏污。网络上也经常有猫奴询问相关问题，更有许多网友戏称"就跟人长痘一样"。这是猫咪吃得太过油腻导致的。这些黑点是猫下巴粉刺（Feline Chin Acne），是毛囊角质化异常导致的。猫咪下巴粉刺的早期症状类似于人的"黑头粉刺"，严重时可能会有痘痘出现，二次细菌感染也相当常见。

目前发现猫咪下巴粉刺的出现与多种因素有关，包括压力、免疫抑制、理毛习惯不佳、接触性皮炎或异位性皮炎，以及导致油脂分泌过多的皮肤疾病等。此外，有研究发现，相当数量的猫咪下巴粉刺问

题与使用有色的塑料碗有关，因此，不建议患有下巴粉刺的猫咪使用塑料碗，为其改用玻璃、陶瓷材质的碗盘为佳，不锈钢碗盘次之。

猫咪下巴粉刺的症状与诊断

一般来说，猫咪下巴粉刺最常见的症状被通俗地形容为"脏下巴"。仔细观察患病猫咪的下巴，可以看到黑头粉刺。这些黑头粉刺可能会演变成小脓疱，接下来破裂并形成痂皮，所以黑头粉刺被发现时，可能存在不同的阶段。病情严重的猫咪，其下巴可能出现瘘管、秃毛、红肿及发痒等症状，猫咪抓挠导致皮肤受伤、情况恶化后，往往会造成二次细菌感染。

在诊断猫咪下巴粉刺之前，通常需进行完整的皮毛镜检，以排除其他可能的原因，例如，蠕形螨、过敏、霉菌感染、猫嗜酸性肉芽肿复合体等。如果症状不典型，或是有其他疑虑，可以进行皮肤采样，以确认可能的问题。

 猫奴笔记

■ 猫咪下巴粉刺可能只是一次性的疾病，也可能反复，需长期控制。

治疗的目标是控制

对于轻微无症状的猫咪，观察即可；有轻微症状的猫咪，可使用外用洗剂与外用药治疗。建议选用抗皮脂溢出的外用洗剂，例如，不高于 3% 的过氧化苯甲酰（Benzoyl Peroxide）或是外用的维生素 A 酸。如果有细菌感染的问题，可根据病情严重程度使用含有抗生素的外用药或是口服抗生素。偶尔也会有酵母菌生长过盛的情况，需要根据病情严重程度使用外用药或是口服抗霉菌药进行控制。若发炎严重，可以逐渐降低剂量的方式使用类固醇10~14 天改善发炎症状。此外要注意，口服药应连续使用 2~3 周，甚至更长时间，以获得完整的疗程效果。

患病猫咪的营养补充以不饱和脂肪酸为主，尤其是 ω-3 脂肪酸。大多数患病猫咪，对于清洁下巴或是更换碗盘材质等反应良好，所以对于容易出现猫咪下巴粉刺的猫咪，猫奴应多费心，经常清洁猫咪的下巴。

 猫奴笔记

1. 常见的外用药品
- 外用抗生素软膏：2% 莫匹罗星（Mupirocin）、夫西地酸（Fusidic Acid）、克林霉素（Clindamycin）。
- 外用抗霉菌药：咪康唑（Miconazole）、克霉唑（Clotrimazole）、酮康唑（Ketoconazole）、氯己定。
- 外用洗剂：2% 氯己定溶液、2% 咪康唑和 2% 氯己定溶液。

2. 有些猫咪可能需要将下巴的毛剃短，以方便治疗下巴粉刺。

对于容易出现猫咪下巴粉刺的猫咪，
建议猫奴定期为猫咪做清洁。

化毛膏是什么？猫咪可以长期服用吗？

　　我经常听到或是在网络上看到猫奴提出关于化毛膏的疑问，不外乎"化毛膏的作用到底是什么""猫咪是否可以长期食用"等。化毛膏的作用其实并不能按照字面意思理解为"把猫咪吞进去的毛化掉，以免猫咪吐毛球"。

化毛膏是什么

　　大部分化毛膏的组成成分为矿脂（Petrolatum），也有人将其称为矿物油。矿脂不是我们通常所认知的食用油，而是一种在石油精炼过程中提取出的烃类混合物。矿脂更像是总称，经过后续的精炼，矿脂会出现多种不同的形态或颜色。例如，实验室用的液状石蜡（Paraffin Oil）也是矿脂的一种，较为常见的白石蜡、黄石蜡也属于矿脂。矿脂被用于医疗行业时被称作"润滑型缓泻剂"，可以黏附在粪便表面取得润滑效果，并通过阻碍大肠吸收水分而获得软便的效果。

1. 化毛膏真正的作用

　　化毛膏真正的作用，就是利用矿脂这个主要成分，润滑混合了毛发而难

以排出的粪便，达到帮助猫咪排便的目的。商用的化毛膏中，有的主要成分是液态石蜡，有的主要成分是白石蜡。猫奴要特别注意：若使用液态石蜡类型的化毛膏，给猫咪喂食时要特别小心，以防化毛膏呛入呼吸道，造成"肺脂性肺炎"。

2. 长期食用化毛膏会怎样？

曾发生过过量使用化毛膏，导致猫咪肝脏、脾脏及肠系膜淋巴结出现肉芽肿性病变的事件；长期使用化毛膏会造成维生素 A、维生素 D、维生素 E 和维生素 K 等脂溶性维生素的吸收效率下降。建议在使用化毛膏之前，先咨询一下宠物医生正确的用量。若在使用时猫咪出现不良反应，可以询问宠物医生有没有替代品或替代的治疗方法。最重要的是，若没有必要，不建议猫咪长期食用化毛膏。

目前也有许多化毛膏不再使用矿脂作为主要成分，而是改用麦芽萃取物作为主要成分，利用可溶性纤维获得增加排便量与软便的效果，但同样不建议过量使用，因为有可能适得其反。如果猫咪有长期吐毛球的问题，很可能意味着猫咪存在皮肤或是胃肠道问题，建议猫奴咨询宠物医生。

第 4 章

熟龄猫期

为迈入老龄做准备

　　迈入熟龄期的猫咪，新陈代谢水平开始降低。因此，熟龄期是猫咪最容易发胖的阶段。面对猫咪即将到来的老龄阶段，猫奴应帮助猫咪维持理想的体态，注意其各项表现，提前做好准备。

迈入熟龄——猫咪的过度理毛行为

若发现猫咪过度理毛，务必找出原因

理毛是猫咪的正常行为之一，猫奴若发现猫咪有过度理毛的情况，务必先排除疾病相关的可能性，单纯由心因性疾病导致猫咪过度理毛的情况很少见。若是由压力相关问题引起的，大多可以从环境着手进行改善，必要时配合使用药物，以协助提升猫咪的生活品质。

猫咪的理毛行为，是指猫咪的舌头和牙齿在其被毛及皮肤上接触、移动的行为，有清洁、温度调节及维持毛发的作用。有时，猫咪也会受诸如跳蚤唾液的刺激，去啃咬、舔舐皮肤。一般来说，成猫除睡觉之外，有30%~50%的时间是在理毛，约占一天的4%~6%。当猫咪理毛的频率与强度增加，引起毛发脱落甚至导致皮肤受伤时，即为过度理毛行为。

猫咪常出现脱毛状况的身体部位有：臀部两侧、后肢、鼠蹊部、前肢内侧。猫咪最初出现脱毛状况时，可能只是脱毛，皮肤尚无明显异常，但若猫咪持续过度理毛，除了脱毛外，还可能导致该处皮肤受伤与溃疡，继而引发二次细菌感染，还有少数猫咪会因为过度理毛而造成舌头和咽喉部的溃疡，导致无法正常进食。

过度理毛造成的脱毛与其他原因造成的脱毛，虽然在外部表征上极度相似，但仍可以通过细微之处加以辨识。例如，过度理毛导致的脱毛是由于猫

咪啃咬靠近毛发根部的位置造成的，因此毛发稀疏部位的毛发触感较短、较硬；而其他生理性原因导致的脱毛，毛发稀疏部位的毛发触感相对平滑。

过度理毛与压力的关系

　　猫咪的过度理毛行为可能是压力或焦虑等问题导致的。由于面对压力来源时，猫咪无法顺利地适应与应对，在受挫情绪的驱使下，猫咪会通过重复

猫奴笔记

■ 有时，猫咪会异常地吐毛球，也可能是过度理毛的征兆。

同样的动作来舒缓压力。此外，还有许多其他状况可能导致猫咪的过度理毛行为，例如，皮肤过敏（比如跳蚤过敏症、食物过敏、对环境因子过敏）、任何来源的创伤与感染，以及任何造成疼痛的情况，比如猫下泌尿道综合征和猫感觉过敏综合征（Feline Hyperesthesia Syndrome）等。

过度理毛与疾病的关系

此外，"痒"是导致猫咪过度理毛行为的最常见的、与疾病相关的原因，因此在进行完整的皮肤检查时，确认猫咪有无寄生虫、霉菌、细菌感染等问题非常重要。猫咪因为痒而挠抓皮肤经常会使其皮肤受到更严重的伤害与刺激，导致皮肤瘙痒加剧，使猫咪不得不通过过度理毛来减轻瘙痒。这种恶性循环被称为"神经性皮炎"。

过度理毛的诊断

没有办法直接诊断出猫咪的过度理毛行为是否由压力或焦虑导致，而且大多数的案例都可以找到生理层面的原因。因此，理论上来说，需要将所有生理问题排除后才能做出猫咪的过度理毛行为是由压力或焦虑导致的诊断。

1. 压力、焦虑外的问题

根据病因进行治疗。

2. 压力、焦虑可能是其中一项原因

减少或移除造成压力、焦虑的因素。

3. 同时包含压力、焦虑与生理性问题

根据病因进行治疗，同时减少或移除造成压力、焦虑的因素。

治疗的原则

其实在临床上，有太多的过度理毛案例都是压力、焦虑之外的原因造成的，其中最常见的是猫咪的跳蚤过敏症。猫奴往往发现不了任何跳蚤，所以

过度理毛的原因

- 过度理毛常见的原因有：潜在的疼痛与不适、猫咪感觉过敏综合征、皮肤病、猫自发性膀胱炎、肿瘤、与过度理毛有关的压力来源、胎儿及幼猫期的经历造成的压力。
- 压力在过度理毛的行为中扮演着重要的角色，但是单纯心因性的过度理毛行为其实非常少见，过度理毛行为多半都是由其他原因导致的。

一旦出现这种问题，请务必请教宠物医生，排除所有可能的原因后，再确认过度理毛行为是否由压力、焦虑引起，然后找出并移除导致压力和焦虑的因素，同时减少压力来源。

保健品与药物

对于由压力引起的猫咪的过度理毛行为问题，猫奴往往无法找出并移除可能的压力来源，这时可以使用费利威®或是其他舒缓情绪的产品（比如项圈、保健食品）。倘若控制得不理想或是过度理毛太过严重，可以使用药物治疗与控制。在药物使用上，每个疗程6~12个月，根据猫咪临床症状的改善，逐渐降低用药剂量或停药。另外，在用药前建议猫咪进行完整的血液检查，以确认猫咪肝功能和肾功能的状况。若猫咪需要长期用药控制，建议每6~12个月定期追踪。常用于猫咪的抗焦虑的药物有：三环类抗抑郁药、5-羟色胺再摄取抑制剂、苯二氮䓬类（Benzodiazepines）、氮派酮（Azaperone）。务必根据宠物医生诊断后开具的处方用药，切勿自行给猫咪使用上述药物。

 猫奴笔记

■ 面对猫咪的过度理毛行为，惩戒猫咪并不会有任何改善，甚至会加剧猫咪的过度理毛行为。

室外的声响也可能是造成猫咪压力的因素之一。

减肥计划——
猫咪的理想体态与最佳体重
肥胖是健康的隐形杀手！

过度肥胖的猫咪，有较高的罹患特定疾病的风险。在肥胖程度的评估上，不能仅以体重作为标准，体态评估能更为准确地判断猫咪是否超重，可以依据BCS体况评分系统（Body Condition Scoring），用健康正确的控制方式，帮助猫咪维持理想的体态。

超重一直是现代家猫常见的问题，虽然圆滚滚的猫咪看起来很可爱，但越肥胖的猫咪，罹患糖尿病与脂肪肝的风险越高。除此之外，关节炎、下泌尿道综合征等问题在过度肥胖的猫咪群体里也有较高的发病率。为了猫咪的健康，建议猫奴帮助猫咪做好饮食、体态的控制与维持。

在评估猫咪是否超重时，通常不以猫咪的体重为依据。因为不同品种、性别、年龄阶段的猫咪，其体型有所不同，所以仅以猫咪的体重作为评估猫咪是否超重的标准是不准确的。正确评估猫咪是否超重，最常见的方式是依照猫咪的站姿及侧面体态，通过 BCS 体况评分系统进行评估，其中评分为 BCS 1~3 表示过瘦，BCS 4~5 表示理想，BCS 6 表示微胖，BCS 7~8 表示过重，BCS 9 表示超重。BCS 体况评分表、体况评分系统在网络上很容易获得。

值得一提的是，2018 年有一篇关于猫咪体态与寿命长短研究的论文发表，简单来说，该研究发现，以往 BCS 体况评分系统中评分为 BCS 6、被认定为微胖的猫咪，其寿命是最长的。这打破了人们以往所认为的 BCS 体况

BCS体况评分系统

过瘦	BCS 1：肋骨、脊椎及骨盆可以轻易地看到，腰部很细且肌肉很少，触诊无脂肪包附肋骨。 BCS 2：肋骨可以轻易地看到，腰部很细且肌肉很少，触诊无脂肪包附肋骨。 BCS 3：肋骨可以轻易地看到，明显的腰部，极少量的腹腔脂肪。
理想	BCS 4：肋骨可以轻易地被摸到，明显的腰部，非常少量的腹腔脂肪。 BCS 5：肋骨可以轻易地被摸到，明显的腰部，少量的腹腔脂肪。
微胖	BCS 6：肋骨可以被摸到，俯视时腰部无法轻易辨识，非常少量的腹部皮肤褶皱。
超重	BCS 7：肋骨被脂肪覆盖因而难以被摸到，腰部几乎无法辨识，无腹部皮肤褶皱。 BCS 8：肋骨被脂肪覆盖无法被摸到，腰部无法辨识，腹部轻微膨胀。
肥胖	BCS 9：肋骨被极厚的脂肪覆盖无法被摸到，腰部完全消失，腹部明显膨胀，大量腹部皮下脂肪堆积。

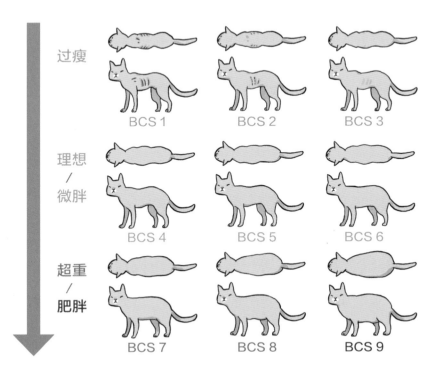

评分系统评分为 BCS 4~5 代表猫咪的理想体态的认知。虽然该研究的结论为 BCS 体况评分系统评分为 BCS 6 的猫咪寿命最长，但无法确定猫咪的生活品质是否受到微胖体态的影响，因此这也不代表猫咪可以过于肥胖，毕竟太过肥胖的猫咪，罹患糖尿病的风险会增加，骨关节的健康也会受到影响。

生活品质

虽然有研究表明，BCS 体况评分系统评分为 BCS 6 的猫咪是最长寿的群体，但决定猫咪寿命长短的因素还有很多，而且猫咪的寿命长短并不能代表其生活品质的高低，尤其对猫咪来说，生活品质其实比寿命长短更重要。因此，猫咪的理想体态因个体而异，例如，折耳猫容易有关节问题，体态还是维持在 BCS 4 较为理想。到宠物医院定期接种疫苗和健康检查时，可以与宠物医生讨论猫咪理想体态的相关问题。

减肥计划要点

为了帮助猫咪制订完善的减肥计划，可以参考以下几个要点，了解帮助猫咪减肥的注意事项。

1. 由宠物医生检查猫咪的健康状况

某些疾病会导致猫咪肥胖，因此在开展猫咪的减肥计划之前，务必由宠物医生先对猫咪的健康状况进行检查，排除患有导致猫咪肥胖的疾病的可能性，再由宠物医生根据猫咪的健康状况量身定制减肥计划。

2. 理想体重与减肥计划

宠物医生会协助猫奴判定猫咪的理想体重并制定减肥计划。理想的体重控制方式是渐进式的，且需要花上一段时间。大体来说，减肥计划的目标为每周减掉 1~2% 的体重，过快的减重容易反弹，也可能引发脂肪肝。

3. 全家人一同参与

所有可能与猫咪接触的人都必须一同了解、参与猫咪的减肥计划，避免在控制猫咪饮食时，家中的其他成员仍继续投喂过量的食物与零食。

4. 饮食调整

选用低卡路里、易有饱腹感的食物，或是调整原有食物的喂食量，控制食物中的热量摄入。

5. 喂食方式

针对喜爱食物的猫咪，可以使用慢食盆、互动喂食器、喂食玩具，以减慢猫咪的进食速度，同时注意增加猫咪的活动量。也可以将食物分藏在家中不同的地方，让猫咪自行寻找，模拟猫咪在野外觅食的情形，并慢慢调高猫咪觅食的难度，来增加猫咪的活动量。

6. 避免桌边喂食

桌边喂食的食物通常含有较多的脂肪与碳水化合物，应尽量在完成猫咪喂食后，再准备自己的食物，减少猫咪上桌讨食的机会。

7. 喂食增加饱腹感的零食

避免投喂高碳水化合物零食，改喂高蛋白质的肉类，例如，准备一些经过汆水的肉类让猫咪啃食，使其感到满足且有饱腹感。

8. 固定时间运动

时间允许的话，请安排固定的时间陪猫咪玩耍，玩耍可以增加猫咪的活动量，增加能量消耗。

9. 营养补充

在减少食物摄取的同时，若有必要，需适度地补充必需脂肪酸及其他维生素，详情咨询宠物医生。

10. 监控及维持

完整地记录饮食计划与体重变化，定期与宠物医生讨论取得的成果及后续的计划，在快要达成目标时，务必继续维持，否则很容易反弹。

猫咪静态能量需求（Resting Energy Requirements，RER）对照表

体重	每日所需能量	体重	每日所需能量
1 kg	70 kcal	6 kg	250 kcal
2 kg	120 kcal	7 kg	280 kcal
3 kg	160 kcal	8 kg	310 kcal
4 kg	190 kcal	9 kg	340 kcal
5 kg	220 kcal	10 kg	370 kcal

 猫奴笔记

■ 猫咪可以感知到酸味、咸味及苦味，甚至可以辨识肉类氨基酸的味道，但是猫咪吃不出甜味，所以食物的香味对猫咪来说比味道更重要。

过度肥胖的猫咪，除了罹患特定疾病的风险会增加，其生活品质及
正常行为的展现也会受到影响。

心脏的悄悄话——
心脏杂音的意义
猫咪的心脏病不易察觉，务必定期检查

心脏杂音是指听诊时异于正常心音的声音。心脏杂音的出现并不等同于心脏有问题，同样的，心脏有问题也不一定会有心脏杂音。相对于狗狗来说，猫咪在心脏发生疾病时，常常不会有明显的症状，所以定期检查、早期诊断及追踪是相当重要的。

猫咪跟人一样，除了可能有先天性的心脏病外，也可能会有后天性的心脏病。一般来说，我们说的心音，是指心脏血流扰动及心脏瓣膜关闭时出现的声音。细分的话，心音可以分为 4 种。第一心音和第二心音发生在心缩期，是在听诊时最常评估的对象，主要由二尖瓣与半月瓣关闭产生；第三心音和第四心音则发生在舒张期，主要由心房至心室的血流产生，正常状态下大多不会在听诊时被听到。

所谓的心脏杂音，一般指在心脏听诊时，听到的除正常心音之外的血流声音，依照其强弱可分为 6 级（Ⅰ、Ⅱ、Ⅲ、Ⅳ、Ⅴ、Ⅵ），Ⅰ级最小，级数越高心脏杂音越强。然而有心脏杂音并不等同于心脏有问题；心脏有问题时，也不一定会有心脏杂音。

心脏杂音的意义

心脏杂音其实是血液急流或是乱流的声音。心脏杂音的产生有可能是生理性的（Physiological），也有可能是病理性的（Pathological）。研究统计发现，在猫咪的心脏杂音中，16%~77% 是病理性的原因造成的，其余则为生理性的原因所导致。

病理性杂音表示猫咪有心血管相关疾病，猫咪最常出现的心脏相关疾病为肥厚型心肌病。幼猫或年轻的猫咪，有可能患有先天性心脏病，生理性杂音表示猫咪情况正常。

肥厚型心肌病：多发于美国短毛猫、英国短毛猫、折耳猫、布偶猫、缅因猫等品种，在某些品种的猫咪中属于遗传性疾病。一般来说，肥厚型心肌病是心室肌肉不正常增厚，导致心脏的功能及效率受到影响，进而在代偿及失代偿期出现各种症状的疾病。由于不一定会有心脏杂音，在临床表现出现之前，肥厚型心肌病唯一的诊断方法是完整的心脏检查，包含 X 线、心脏超声检查及心电图等。

如何评估心脏病

在心脏病初期，猫咪不会有很明显的症状，随着病程发展，猫咪可能只是变得较为安静。此时猫奴往往以为猫咪只是由于年龄的增长而精力下降，直到心脏病严重到心衰竭，猫咪出现明显的呼吸异常时，猫奴才会意识到问题的严重性。

因为无法从听诊与外观来确定心脏杂音出现的原因，所以宠物医生需要通过心脏超声检查来评估猫咪心脏的健康状况。在心脏超声检查的过程中，有些猫咪可能需要轻微的镇静，以进入较为放松的状态。完成心脏超声检查通常需要 30~40 分钟。根据猫咪的个体差异，心脏的评估可能还包含血液检查、心电图、胸腔 X 线片、血压等。

心脏病会增加麻醉的风险，因此，对发现有心脏杂音的猫咪，建议在麻醉前做心脏超声检查，以确保其心脏状况是适合麻醉的。另外，及早了解猫咪心脏的状况，可以及早开始治疗，延缓心脏病恶化的速度。即便没有发现

 猫奴笔记

■ 猫咪休息或睡觉时的呼吸次数，正常情况下应该少于每分钟 40 次，如果经计算，重复几次的测量值都高于上述数值，或是有逐渐增加的趋势，建议与宠物医生联系。

严重的心脏病，检查的结果也能作为基准值，方便将来追踪。

幼猫如有轻微心脏杂音但无临床表现，宠物医生可能会建议猫奴 2~4 周后带猫咪来重复听诊检查，因为幼猫较容易有生理性杂音。如果猫咪的心脏杂音持续出现，或是更为明显，建议做进一步的检查。

心衰竭

心脏可以说是动物最重要的器官之一，其作用与影响也相对复杂。因此，当遇到郁血性心脏衰竭的相关话题时，花哨的临床医学用语在没有医疗背景的人听来可能没有任何道理。然而，对于身为猫奴的我们，了解猫咪在面临心衰竭风险时的身体状况及临床症状是非常重要的。接下来，让我们一起来初步了解一下。

心脏就像是一台泵，可以将猫咪的心脏想象成一个使血液循环至肺部与全身的泵。心脏病会随时间的推移缓慢发展并变得严重，渐渐地，心脏会无法正常地运作，虽然心脏仍在尽力而为，但由于工作效率降低，功能上无法达到预期而易造成淤塞，或心脏前负荷升高。

当心脏出现瘀血时，就像交通堵塞，血流（车流）无法像往常一样顺利前进，因此会在问题区域后方累积。如果是左心衰竭，这种瘀血（负荷）会在肺

猫奴小教室

郁血性心脏衰竭的症状

■ 郁血性心脏衰竭发生在狗狗身上时，可以较容易地观察到咳嗽或咳嗽频率增加的临床症状，而这在猫咪身上则较少见，猫咪的咳嗽更常与呼吸道疾病有关。

部累积；如果是右心衰竭，则会因为静脉血淤塞无法回流，导致瘀血（负荷）在全身累积。

当心脏负荷上升到一定程度时，血浆会开始由毛细血管渗透到组织间隙，导致"毛细血管渗漏综合征"。左心衰竭时，血浆会渗入肺部或胸腔中；而右心衰竭时，血浆大多会渗入腹部。血浆渗入肺部后，会充满通常只有空气的小囊（肺泡），这使得气体交换更加困难，猫咪必须多次呼吸，才能吸取到与往常等量的氧气。出现左心衰竭时，猫咪的呼吸频率会增加，呼吸也会表现得很费力，有时还会咳嗽（由左心衰竭引起的咳嗽在狗狗身上更为常见）。在猫咪身上，血浆也有可能因为左心衰竭渗入胸腔中，导致胸腔积液，进而影响肺部扩张，并导致猫咪呼吸困难，出现快速的浅呼吸。以上都是属于急诊的情况，若有发生应尽快就医。

基因检测

肥厚型心肌病在布偶猫和缅因猫身上属于遗传性疾病，目前有分别针对布偶猫及缅因猫的 MYBPC3 基因突变筛查。目前，已知 MYBPC3 基因突变会增加肥厚型心肌病的发病概率，不过肥厚型心肌病的发病可能还受其他基因的影响。若猫咪来自繁殖企业，请要求其出具相关检测报告；配种前也应先进行基因突变筛查，存在 MYBPC3 基因突变的猫咪不应继续繁殖。

早期诊断

心血管出现问题时，猫咪可能毫无预警地突然间发病，甚至猝死。在许多案例中，猫咪表面上看似健康，吃喝都正常，但在遭遇压力、紧迫、惊吓、麻醉后，会突然出现心脏衰竭。一来，即便猫咪已有心脏病，尚未发病时并不一定会有症状出现；二来，猫咪善于隐瞒自己的不适，不会轻易地让猫奴察觉到。因此，一旦猫咪受到某些原因的刺激而发病，可能会出现心脏衰竭、血栓甚至猝死，经常让人措手不及。

临床上，早期诊断是心脏病治疗的重点，除了平时要注意观察猫咪有无运动不耐、易喘、休息时呼吸频率加快等症状外，还要依照宠物医生建议的时间定期进行全面的健康检查，以减少疾病被忽略的概率，增加治疗及控制疾病的可能，维持猫咪良好的生活品质。

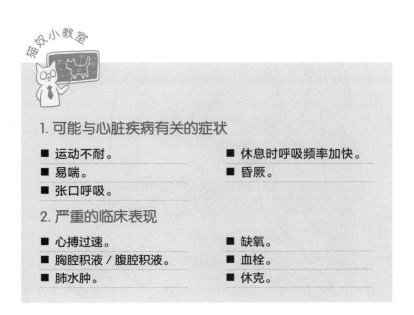

猫奴小教室

1. 可能与心脏疾病有关的症状

- 运动不耐。
- 休息时呼吸频率加快。
- 易喘。
- 昏厥。
- 张口呼吸。

2. 严重的临床表现

- 心搏过速。
- 缺氧。
- 胸腔积液／腹腔积液。
- 血栓。
- 肺水肿。
- 休克。

牛磺酸保健品

　　牛磺酸是心脏中含量最多的游离氨基酸，扮演着维持心肌健康的重要角色。为了维护猫咪的健康，许多猫奴会非常用心地准备或添加含有牛磺酸的保健食品，但是这些保健品的必要性与效果如何，以及食用过量是否会对猫咪的身体造成负担需要谨慎评估。

　　其实牛磺酸在饮食中最主要的来源是肉类，只要猫奴在饮食中给予猫咪

优质的蛋白质，一般是不会发生牛磺酸缺乏的问题的。这也是猫咪不能吃素的原因，若猫咪长期吃素，不但会由于牛磺酸缺乏而导致扩张型心肌病，还有可能因为缺乏其他营养衍生出其他系统的问题，因此，千万不可以让猫咪吃素哦。

猫奴需要特别注意的是，某些肉类中的牛磺酸含量较低，例如，兔肉。因此，如果想要自行准备鲜食作为猫咪的主食，且肉类来源单一，请咨询宠

物医生，进一步了解猫咪是否存在营养缺乏的可能。

在选用宠物商品粮作为猫咪主粮时，建议选用至少符合美国饲料管理协 会（Association of American Feed Control Officials，AAFCO）营养标准或代表欧洲宠物食品行业协会（European Pet Food Industry Federation）的 FEDIAF 营养标准的产品。我更推荐经过饮食测试的商品粮，因为单单对食物进行营养分析无法完全反映每种物质在体内消化、吸收的状况，还是需要正式的饮食测试来反映猫咪对各种营养素的实际吸收状况。虽然目前饮食测试的时间仍旧过短（AAFCO 规定的猫咪饮食测试时间为 6 个月），但相较之下，选用经过饮食测试的商品粮还是多了一层保障。

目前，关于牛磺酸保健品的添加，尚未有相关文献及研究报告过量服用可能会发生的问题，但如前所述，营养完善的饮食一般来说是不会缺乏牛磺酸的，倘若还是想补充牛磺酸，建议适量即可。

 猫奴笔记

■ 经全面检查确诊猫咪有心脏病后，治疗方向为减轻症状与延缓疾病的发展，原则是维持猫咪现有的生活品质，一般没有药物可以"根治"心脏病。

平时可以在猫咪休息或睡觉时，计数其呼吸频率。

有健康的牙齿才有健康的
身体——洗牙与口腔保健
保持口腔健康，远离牙周疾病

研究发现，猫咪的牙周疾病其实比我们想象的更为常见。由于猫咪善于隐瞒不适的天性，猫奴较难察觉其牙周疾病的早期症状，但发病之初，猫咪可能已经在经历疼痛与不适了。唯有定期进行牙周检查，才能在疾病早期发现问题，了解适合自己猫咪的牙周保健方式，进而有效地降低牙周疾病发生的概率。

不管是幼猫还是成猫，牙周相关问题都是非常常见的。据统计，在 3 岁以上的猫咪中，85% 以上都有牙周相关问题。在这方面猫咪与人相似：年纪越大，发生牙周相关问题的概率越高。猫咪的牙周相关问题通常是由过多的牙菌斑及牙结石堆积影响了维持牙齿健康的周边结构导致的，严重的话可引起牙周病。

牙菌斑的累积是牙周疾病中最常见的潜在原因。牙菌斑是一种形成于牙齿表面的由细菌组成的薄膜，形成初期无法轻易辨识，但可借由特殊的溶液进行染色来确认。一旦牙菌斑持续增加、薄膜增厚，就可以在牙齿表面直接看到一层灰色至白色的薄膜。牙菌斑带来的影响极大，因此减少牙菌斑的累积是预防牙周疾病非常重要的一环。

犬齿乳牙残留

　　若对牙菌斑的持续累积不予理会，它会形成坚硬、钙化的牙菌斑，即牙结石，一旦牙结石形成，可以明显地在牙齿表面看到黄色至褐色的坚硬堆积物。牙结石严重的话会导致牙龈萎缩，甚至严重的牙周病，且无法以刷牙的方式清除，需依赖洗牙等声波震荡的方式进行清除。

 猫奴笔记

■ 幼猫换牙时，容易出现"幼年期口炎"，这是因为恒齿长出时会对牙龈造成刺激，导致牙龈红肿。这是完全正常的现象，猫咪通常需要 4~6 周的时间恢复正常。

容易引起牙周病的因素

1. 牙齿错位

牙齿在口腔中的位置如果不正常，相较于正常位置的牙齿，更容易产生牙菌斑及牙结石的堆积，这主要是因为错位的牙齿无法在平常的咬合及咀嚼动作中获得自然的摩擦与清洁效果，更容易出现牙周问题。

常见的牙齿错位原因包括：品种、乳牙残留、外伤及先天异常等。短鼻品种的猫咪，例如波斯猫、金吉拉、英国短毛猫、异国短毛猫等，其天生较短的腭骨及牙床构造更易造成牙齿推挤及错位。有些猫咪的乳牙在恒齿长出时没有正常掉落，滞留的乳牙会阻碍恒齿导致其生长角度异常，进而错位。有些猫咪的上下颚形状先天异常，例如，上颚较突出或下颚较突出等。以上这些问题与后天腭骨的创伤有关，比如骨折、不正常的愈合等，都会导致牙齿错位的发生。

2. 饮食

在猫咪的牙周疾病进程中，饮食扮演着一定的角色。相较于干粮，较软的湿粮无法为牙齿提供足够的摩擦效果，导致牙菌斑及牙结石较容易累积在牙齿表面。湿粮本身较容易堆积在牙齿表面与周围，促进细菌与牙菌斑的形成。提供部分干粮能帮助猫咪减少牙菌斑及牙结石的堆积，但饮食与牙周疾病的关系相当复杂。总的来说，在牙周疾病的预防上，较大块的实体食物的构造与形态比是否是湿粮更为重要。有些特别的饮食，例如，特制的大颗粒干粮或是湿粮中添加的一些大块实体食物，可以促进牙齿的咀嚼与摩擦，进而减少牙结石的堆积。

3. 传染病

某些传染病与牙龈炎有关，较常见的有猫免疫缺陷病毒、猫白血病病毒及猫杯状病毒感染。猫艾滋病、猫白血病会造成免疫抑制，使牙周病、牙龈炎的发生概率增高，持续性猫杯状病毒感染则与慢性牙龈炎及口炎问题相关。

常见的牙周病

牙齿周围的一切问题都可以称作牙周病。猫咪身上常见的牙周病包括：牙龈炎、牙周炎、口炎。

1. 牙龈炎

牙龈炎在各年龄阶段的猫咪中都相当常见，多半是由牙菌斑与牙结石的堆积、刺激导致，临床上可见牙龈红肿。轻微的牙龈炎一般只需合理清洁即可得到良好的控制，但中度及严重的牙龈炎，则需要全套的洗牙，以及后续的口腔保健才能恢复并维持口腔的健康。

2. 牙周炎

牙周炎在老猫身上较为常见，发生时通常牙齿表面都有非常厚的牙结石堆积，牙龈因为长时间的炎症与刺激，开始出现萎缩，原本在牙齿周围的牙周韧带也逐渐失去其功能，最终导致牙齿摇晃、牙根裸露。处在此阶段的牙齿，大多以拔牙的方式进行处理。

3. 猫口炎

猫口炎是猫咪整个口腔发炎的疾病，常见的有两种，正式病名为淋巴细胞浆细胞性龈口炎综合征（Lymphocytic Plasmacytic Gingivostomatitis Complex, LPGC）及慢性龈口炎（Chronic Gingivostomatitis）。猫口炎发生时，炎症反应从牙龈到后口，几乎整个口腔都可以见到。这样的炎症反应会让猫咪感到非常疼痛，除了影响进食外，猫咪还会经常性地流口水、抓嘴巴等，严重时会造成猫咪体重减轻、食欲下降。造成猫口炎的确切原因目前尚不清楚，仅知道可能与某些病毒性的感染（猫杯状病毒、猫免疫缺陷病毒）以及免疫系统过度活化有关。

治疗上通常是先进行完整的洗牙及牙齿清洁，配合使用抗生素、抗炎药物等进行控制。每只猫咪对这些治疗手段的反应不一，许多猫咪甚至需要皮质类固醇或并用免疫抑制剂进行控制。在某些案例中，炎症反应太过严重，无法通过上述治疗手段获得良好控制。从目前的研究建议来看，最有效的治疗手段仍然需要配合拔牙。可视情况决定拔牙范围，从移除臼齿、前臼齿到全口拔牙。经过洗牙和拔牙治疗后，70%~80% 的猫咪的猫口炎可以得到很好的控制，20%~30% 的猫咪仍需进一步的治疗，其中 5%~10% 的猫咪的猫口炎在进一步治疗后仍无法得到良好的控制。其他的内科治疗，以使用免疫抑制或免疫调节药物为主，其中包括环孢素、类固醇及干扰素。另外，多西环素是一种抗生素，同时具有免疫调节作用，经常会与上述药物合并使用。治疗后会有 50% 左右的猫咪状况得到改善，大约一半的案例可达到临床上的恢复水平。

在猫干扰素实验中，大约有一半猫咪的猫口炎病情有显著的好转，在配合使用类固醇的猫咪中有四分之一病情有显著好转。最新的干细胞疗法在初步临床研究中也有不错的疗效。该研究针对已全口拔牙，并使用药物控制猫口炎，但仍然效果不佳的猫咪（5%~10%）。这种疗法通过以猫咪自体的脂肪间充质干细胞培养纯化后，经静脉重新注射回猫咪体内的方式，达到控制猫口炎的目的，其治疗有效率约为 70%。最后，对于以上治疗方法都没有效果的猫咪，可以尝试二氧化碳激光手术治疗。

牙吸收（猫破牙质细胞重吸收性病变）

牙吸收在各年龄阶段的猫咪中都相当常见。据统计，5 岁以上的猫咪，超过 70% 都至少有一颗牙齿发生过牙吸收。牙吸收是指牙齿的侵蚀变化，通常在牙龈线（牙颈）的位置发生，有时也会在牙龈以下的牙根处发生。目前，尚未明确牙吸收的发病原因，推断与破牙细胞（Odontoclast）有关。若是在牙龈线位置发生牙吸收，经常会看到牙龈增生向上填满被侵蚀的孔洞；若是在牙根部位发生牙吸收，外观上几乎无法辨识，要通过完整的牙科检查及牙科 X 线片进行诊断。

发生牙吸收的猫咪，会在发病牙齿的位置感觉到疼痛，但由于猫咪善于隐藏病痛，猫奴不太容易在疾病早期及时发现问题，往往都是病情发展

猫奴笔记

- 猫咪善于隐藏病痛与疾病的天性，往往让我们在发现猫咪异常时，其状况已经不再轻微了。
- 牙科 X 线检查不仅可以确认牙根的状况，还可以判定及评估牙吸收的状况。

到了比较严重、猫咪无法忍受的程度，才会因出现临床表现而被猫奴注意到，所以定期的牙科检查是非常必要且重要的。牙吸收是猫咪特有的疾病，无法逆转，目前也没有有效的避免方式。猫咪一旦确诊牙吸收，通常需要将发病牙齿拔除，以减少猫咪的不适。如果在疾病早期发现，可以先行观察。目前建议每 6 个月评估一次病情发展情况。

牙齿断裂

猫咪牙科疾病中，牙齿断裂的问题不算少见，外力撞击是牙齿断裂常见的原因之一。牙齿发生断裂时，应对断裂牙齿进行针对性的评估，包括牙髓腔有无暴露、触碰时是否会敏感、牙周韧带是否完好等。若评估有异，即使猫咪没有任何症状，也建议尽快进行根管治疗或移除断齿，避免慢性疼痛与感染的发生。

洗牙与拔牙

猫咪的口腔健康跟人一样，需要定时、定期地照顾与维持，除了每天刷牙外，定期进行口腔评估与洗牙是非常重要的。但猫咪跟人类不同，它们无法乖乖地拍摄 X 线片，也无法躺在手术台上主动打开嘴巴进行洗牙，所以，猫咪完整的口腔评估及牙科处理，都要在全身麻醉的情况下才能进行，因此，在每半年至一年的健康检查中，需要加入基本的口腔及麻醉风险评估。若有必要进行牙科处理，应尽快在配有相应设备（牙科治疗台、牙科 X 线机）的宠物医院进行治疗，以确保猫咪得到及时的帮助。

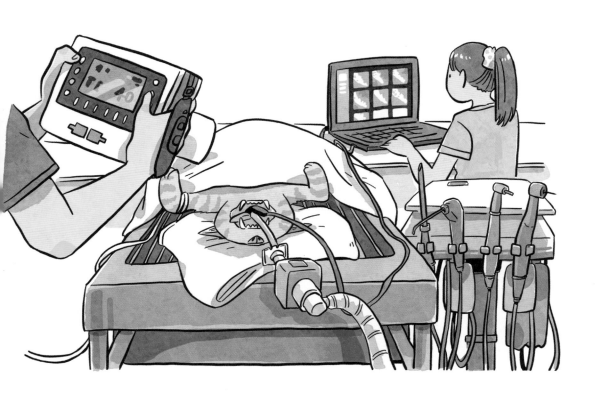

猫咪气体麻醉中，宠物医生正在拍摄牙科X线片。

第 5 章

中老年猫期

与猫咪一同面对、控制疾病

随着年龄的增长，猫咪面临疾病多发的问题。面对猫咪疾病，猫奴应及早发现，及早控制、治疗，与猫咪一起渡过难关。

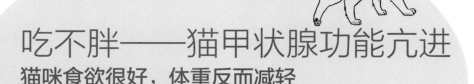

吃不胖——猫甲状腺功能亢进
猫咪食欲很好，体重反而减轻

甲状腺功能亢进是处于熟龄阶段的猫咪常见的内分泌疾病，临床表现较容易辨识，诊断也相对简单。甲状腺功能亢进会对许多脏器造成慢性伤害，通过口服药物进行控制是目前最常见的治疗方法。经治疗，大部分甲状腺功能亢进的猫咪的病情都能得到有效控制。

甲状腺功能亢进（Hyperthyroidism）是位于猫咪颈部两侧的甲状腺肿大且过度分泌甲状腺激素导致的疾病。造成甲状腺肿大的原因在临床上被分为两种，一种是由于瘤样增生或腺瘤导致正常的甲状腺细胞功能亢进引发的，另一种是恶性甲状腺肿瘤，但恶性甲状腺肿瘤的发病率较低，临床上仅为4%。根据统计，甲状腺功能亢进多发于8岁以上的熟龄猫、中老年猫及老年猫。导致猫甲状腺功能亢进的确切原因并不清楚，但可能是由食物中某些化合物的缺乏或过多，以及慢性地暴露在会影响甲状腺的饮食、环境中所导致的。由于甲状腺激素会影响几乎全身的器官，因此甲状腺功能亢进的猫咪，经常伴随有并发症。

 猫奴笔记

■ 甲状腺功能亢进经常发生于8岁以上的熟龄猫、中老年猫和老年猫群体，因此该年龄区间的猫咪在健康检查安排上，应包含对血清总甲状腺素的检查，以确保猫咪没有相关的问题。

临床表现

在临床表现上，猫奴通常会观察到猫咪体重减轻、多食、多渴多尿、呕吐、精力较之前旺盛等；而行为上，猫奴可能会观察到猫咪容易生气、坐立难安、无法安稳地休息等。理学检查时，经常会发现较为明显的甲状腺腺体、体态消瘦、心脏杂音、心搏过速、奔马律等；血生化检查时，常会发现肝功能指标上升（主要是 ALT 与 ALKP 上升），肾功能指标则可能上升、下降或保持正常。

诊断与治疗

甲状腺功能亢进通常通过血液检查进行诊断，对于大多数猫咪，通过检验血液中的血清总甲状腺素（TT4）即可确诊。国外也有机构使用闪烁扫描法（Scintigraphy）——利用放射性药物在功能性的甲状腺细胞中做显影的方法，判定甲状腺的功能状态及病变程度。闪烁扫描法也可用于侦测异位性甲状腺组织。在比较复杂的案例中，也可能检测游离甲状腺素（Free T4）与促甲状腺激素（TSH）。甲状腺功能亢进的治疗分为 3 项，即口服药治疗、手术治疗和碘 131 治疗。当前台湾使用的口服药主要是甲巯咪唑（Methimazole）与卡比马唑（Carbimazole）。国外还有涂抹后能够经皮肤吸收的甲巯咪唑。针对恶性甲状腺肿瘤，大多是通过手术将甲状腺切除。碘131 治疗是以碘 131 破坏甲状腺细胞的方式治疗甲状腺功能亢进的方

法，是目前国外使用的主要方法。

1. 积极治疗的目的

可能与甲状腺功能亢进同时发生的疾病包括：肾脏病、心脏病、高血压、肝脏病。上述4种疾病，都可能是原发性、继发性或暂时被甲状腺功能亢进掩盖的疾病。在开始治疗甲状腺功能亢进后，需特别注意这些潜在疾病，并给予适当的治疗及控制。不治疗甲状腺功能亢进会加速猫咪的死亡。由于甲状腺激素会促使全身器官处于亢进的状态，提高猫咪的基础代谢，进而加快心衰竭、肾衰竭，最终使猫咪死于单一或多重器官衰竭，因此，如果家里的猫咪出现甲状腺功能亢进的临床表现，建议尽快去看宠物医生，及时治疗。

2. 饮食控制疗法

一些研究指出，在饮食中限制碘的摄取，对某些患有甲状腺功能亢进的猫咪是可行的，但这样的建议通常仅适用于完全不能使用饮食以外的治疗方式的患猫，因为限制饮食中碘的摄取的做法目前仍具争议性，尤其是考虑长期限制会影响猫咪的身体健康。目前相关研究仍在进行中，在未有进一步的研究结果之前，是否需要饮食控制应与宠物医生进行讨论。

 猫奴笔记

■ 碘131治疗是目前国外使用的主要治疗方法，主要是因为使用该法治疗后，猫咪的病情一般可以获得良好的控制，且复发率低。该法副作用小，且相较于其他控制方式，总费用也不是太高。

甲状腺功能亢进的猫咪，
经常会出现多食但体重却持续下降的情况。

好饿、好渴、尿好多
——猫糖尿病
面对糖尿病，积极治疗与控制很重要

猫咪常见的糖尿病类似人的2型糖尿病，也就是非胰岛素依赖型糖尿病。患有糖尿病的猫咪跟人一样，会有"三多"的症状出现。通过积极治疗，猫咪的病情有机会缓解，且不需要长期依赖胰岛素；即使没能完全缓解，对于大多数的"糖尿猫"，只要猫奴给予适当的照顾，也可以拥有良好的生活品质。

许多人听到糖尿病都会觉得非常可怕，在得知家中猫咪有相关问题时，更是不知所措。其实这一疾病并不少见。猫咪的糖尿病通常属于 2 型糖尿病，一般来说，糖尿病初期有胰岛素抵抗并存在胰岛素相对缺乏的状况，而到晚期更是存在胰岛素分泌不足的问题。目前已知，肥胖会让猫咪产生胰岛素抵抗，因此，肥胖的猫咪比较容易罹患糖尿病。好消息是，大多数的"糖尿猫"只要得到适当的照顾，是可以控制住糖尿病的，并且可以维持良好的生活品质。

猫糖尿病是什么

当身体无法产生足够的胰岛素或所产生的胰岛素无法有效调节血糖时，血液里的葡萄糖含量就会开始升高，同时尿液里也会出现不该出现的尿糖，

糖尿病就此开始发展。细胞无法利用血液中的葡萄糖，以至于身体处于无法正常运作的状态。随着时间的推移，更多的症状会陆续表现出来。

患有糖尿病的猫咪往往喝水量会明显增多，排尿量会增加；通常食欲旺盛，但尽管吃得多，体重却在下降。对于某些猫咪，如果没有尽早诊断出糖尿病并加以控制，糖尿病可能会发展成酮血症，并可能伴随呕吐、腹泻、脱水、嗜睡及厌食等症状。

如何诊断与治疗

糖尿病相对容易诊断，并且检查费用相对低廉，通过简单的血液检查和尿液检查，宠物医生就可以确认猫咪的血糖是否过高。猫咪还有可能出现由压力引起的高血糖，可以通过在家中收取尿液以检测尿糖、重复测定血糖或测量血液中的果糖胺等方式帮助诊断。

开始治疗时，宠物医生会提供适当的饮食和喂食计划的建议，并开始每天两次的胰岛素治疗。起初的 1~3 天，宠物医生可能会建议猫奴在医院或是在家监测猫咪的血糖，以确保不会出现低血糖的情况。监测的方式与频率，因猫咪个体情况、家庭状况、宠物医生偏好的不同而不同。经过积极、正确的治疗，部分猫咪的症状会得到缓解（Remission），不再需要胰岛素。

猫奴小课堂

胰岛素注射

- 在帮助猫咪注射胰岛素时，因为用药剂量少，通常需要使用胰岛素针进行皮下注射，以求精准和安全。

在家里进行胰岛素治疗约 1 周后，建议进行血糖曲线检测。可以前往宠物医院进行检测，也可以在与宠物医生讨论后在家中自行检测，以减少去宠物医院可能给猫咪带来的压力。血糖曲线检测时，按时间采集数个血液样本测定猫咪的血糖，以建立血糖曲线。根据血糖曲线来判定猫咪血糖的控制情况，以及是否需要调整胰岛素的剂量与种类，并按需调整胰岛素剂量。

对于刚刚确诊糖尿病的猫咪，最初的 1~2 个月可能需要多次调整胰岛素剂量、进行血糖曲线检测，以找到能将血糖控制在理想状态的胰岛素剂量。这段时间里，猫咪也可能因为其他疾病得到妥善的控制而进入糖尿病症状缓解的状态，胰岛素剂量也可以随之下调，甚至停止。

 猫奴笔记

■ 在家给猫咪采血检测血糖时，通常使用专用采血针或 27G 针头穿刺猫咪耳翼的微血管，然后将准备好的手持式血糖仪与试片靠近渗出的血液，将血液吸入试片中，进行血糖检测。

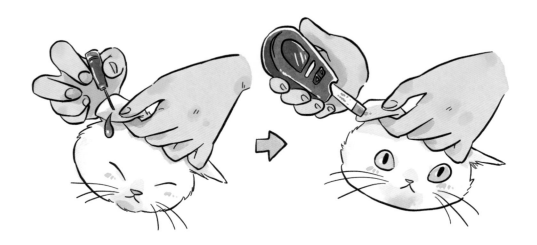

积极治疗与预后

许多猫咪都有机会进入糖尿病缓解状态，越快速地控制血糖，进入缓解状态的机会就越高。这是因为高血糖对分泌胰岛素的胰岛 β 细胞有一定的毒性，会使其受损死亡，雪上加霜地使胰岛素的分泌减少，进而加重糖尿病病情。因此，宠物医生最初可能会采取积极的治疗措施，促使猫咪的血糖尽快恢复正常水平，以减少需要终身胰岛素治疗的可能性。

有近 80% 的患有糖尿病的猫咪会因积极的治疗而快速进入糖尿病缓解状态。那些没有进入缓解状态的猫咪，其血糖通常也能获得良好的控制，并且通过持续性的治疗，多数"糖尿猫"可以维持良好的生活品质。猫咪不会像狗狗一样因糖尿病而引发白内障，因此治疗的目标是缓解并控制糖尿病。

进入糖尿病缓解状态的猫咪在将来很有可能会出现糖尿病复发的情况，因此饮食、体重与其他疾病的控制很重要。肥胖是让猫咪倾向罹患糖尿病的首要因子，而其他疾病的发生，例如，膀胱细菌感染等，也可能成为猫糖尿病复发或是控制不佳的原因。因此，即使猫咪进入糖尿病缓解状态，也需要定期检查以追踪身体状况。如有任何疾病请尽早治疗，以防糖尿病复发。如有糖尿病复发的征兆，应尽早控制，避免病情加重，发展成酮血症。

酮血症

当猫咪患有糖尿病且未接受治疗或是控制不佳时，容易出现酮血症。酮血症的发生主要是由于，当机体缺乏葡萄糖时，会开始分解脂肪提供能量，大量的脂肪被分解后，形成游离脂肪酸，再经由肝脏代谢形成酮体，出现在血液与尿液中。发生酮血症表明猫咪体内不正常的代谢已经持续了一段时间，此时，猫咪常会出现脱水、呕吐、精神不佳、低血压、瘫软等症状，这是有生命危险的警示，需要立即就医。

稳定控制糖尿病的猫咪，
刚刚验了血糖，正在主人腿上安稳地睡觉。

尿变多了——猫慢性肾病
了解慢性肾病，提前做好准备

慢性肾病是不可逆的疾病，了解猫咪当前的肾病状况，借由慢性肾病的分期与次分期，猫奴可以根据专科医生的建议，采取适当的治疗，来减缓肾病的进程，并维持猫咪的生活品质。

慢性肾病是猫咪老年疾病中最常见的一种。肾脏因为经年累月的使用，会出现功能衰退。在大多数情况下，慢性肾病会随着时间的推移逐渐恶化，但每只猫咪病情恶化的速率及程度不等，且差异甚大。肾脏最主要的功能是维持体液的平衡、制造激素、矫正体内离子状态与酸碱平衡、排除体内代谢废物、再吸收身体所需的水分等。在慢性肾病发生时，身体各方面的机能与平衡都会受到影响，出现各种症状。虽然慢性肾病是一种无法治愈且不可逆的疾病，但仍然可以通过适当的控制与治疗，来维持猫咪的生活品质、减缓疾病的进程。

猫慢性肾病的病因

大体来说，肾脏因为持续性的伤害或不可逆的损伤而出现运输和移除血液中含氮废物的能力下降的情况，即为慢性肾病。在大部分案例中，因为临床病理与组织病理的检验结果并无特异性，所以造成慢性肾病的确切原因并不清楚，采样的结果经常显示，有慢性肾病的猫咪的肾脏有慢性间质性肾炎（一种纤维化及炎症反应）的情况发生。

其他一些可能造成慢性肾病的原因如下。

1. 多囊肾： 在波斯猫相关品种中常见的遗传性疾病。发生多囊肾时，正常的肾脏组织会逐渐被囊泡取代，进而导致肾功能不全。

2. 感染： 细菌感染可能造成肾脏损伤，导致肾功能不全。

3. 毒素： 某些毒素及药物可能造成肾脏损伤，导致肾功能不全。

4. 肿瘤： 肾脏相关的肿瘤，比如淋巴瘤（Lymphoma），可能造成肾脏损伤，导致慢性肾病。

5. 肾小球肾炎： 肾小球为肾元中负责过滤的部位，会受到血液中物质，比如免疫复合物的影响而发炎，如果炎症反应持续，则有可能导致慢性肾病。

肾脏主要的日常工作

■ 维持身体内水的平衡。　　　　■ 维持正常的血压。
■ 维持身体内电解质的平衡。　　■ 制造激素。
■ 维持身体内酸碱的平衡。　　　■ 移除血液中的含氮废物。

提拉皮肤，依皮肤回弹的速度评估脱水的程度。

猫慢性肾病的症状

慢性肾病的病程缓慢，早期症状可能相当不明显且轻微，但病情会随着时间的推移逐步恶化。相关的症状也很多，某些症状是由于血液中的含氮废物堆积造成的，某些症状则是身体为了适应慢性肾病而出现的代偿反应。常见的症状包括：体重减轻、精神不佳、呕吐、脱水、食欲不振、尿量增加、饮水量增加、毛发粗糙、口臭、无力、黏膜颜色苍白等。这些症状不一定都会出现，也可能间断性地发生。当猫奴观察到猫咪有相关症状时，请务必提高警觉。

猫慢性肾病的诊断

慢性肾病的诊断，通常需要收集血液及尿液样本一同分析。传统上，我们经常利用血生化检查来检测血浆中的肌酐（CREA）和尿素氮（BUN）的含量。这两种物质是代谢的副产物，正常情况下会经由肾脏排出，因此可以借由检查血液中这两种物质的含量，来确认肾脏的工作状况。然而，血液中肌酐和尿素氮的含量会受到代谢、饮食及水合状态等因素的影响，所以需要配合尿液样本分析，才能给出完整的评估。尤其是尿液样本分析中与尿液浓缩状况有关的尿比重，通常可以反映肾脏目前再吸收水分的状况。大部分患有慢性肾病的猫咪，其尿比重低于 1.030，而正常的猫尿比重是 1.039~1.042。

近年来，出现了新的协助评估猫慢性肾病的血生化指标：对称性二甲基精氨酸（Symmetric Dimethylarginine，SDMA）。SDMA 相较于肌酐和尿素氮更为敏感，且不易受到其他因素的影响，经常与其他血生化指标及尿液检查一并用于诊断慢性肾病，以帮助宠物医生进行完整的肾病分期评估，获得更全面的信息。

患有慢性肾病的猫咪，在血生化检查中，通常还可以发现许多由慢性肾病衍生出的重要变化，例如，低血钾、贫血、高血磷等。此外，血压的测量也相当重要，高血压是另一项经常在患有慢性肾病的猫咪身上发生的问题。随着慢性肾病的发展，患病猫咪也可能出现蛋白尿，因此定期追踪尿液中蛋白及肌酐的比值（UPC），也是评估猫慢性肾病病程及预后的重要手段，相关症状的控制也非常重要。

IRIS慢性肾病分期

国际兽医肾病研究组织（International Renal Interest Society，IRIS）将慢性肾病进行了完整的分期，主要以血生化指标中肌酐及 SDMA 的数值作为分级的依据，共分为 4 期（阶段 1~4），同时将血压及 UPC 纳入次分级中。依据此 4 个分期阶段，宠物医生可以给出完整的慢性肾病治疗与控制建议。

IRIS 慢性肾病分期表

	阶段 1 无氮质血症	阶段 2 轻微氮质血症	阶段 3 中度氮质血症	阶段 4 严重氮质血症
肌酐 （mg/dL）	< 1.6	1.6~2.8	2.9~5.0	> 5.0
SDMA （ug/dL）	< 18	18~25	26~38	> 38
UPC	无蛋白尿 <0.2；边界蛋白尿 0.2~0.4；蛋白尿 >0.4			
血压 （mmHg）	正常血压 <140；高血压前期 140~159；高血压 160~179； 严重高血压 ≥ 180			

猫慢性肾病的控制

若是确认猫咪的慢性肾病是由某些特定原因导致的，比如细菌感染，可以有针对性地进行治疗，以达到减缓甚至终止肾病病程的目的。但大多时候，我们能做的只有症状控制与支持疗法。某些猫咪最初可能需要通过静脉输液等方式纠正脱水问题，一旦脱水被纠正，接下来的目标就是持续支持肾脏功能及控制相关的并发症，延缓不可逆的慢性肾病病程。

为了理想且有效地控制慢性肾病的病程，通常需要持续地进行血压、血液及尿液的追踪，以及时针对可控制的并发症做出相应的治疗，例如，贫血、低血钾、高血磷、高血压及蛋白尿等。根据猫咪的个体状况，可能需要搭配多种药物进行控制，不过这也取决于猫咪对投药的接受度。除了药物控制，饮食对慢性肾病的控制也有一定效果。

以下为饮食方面需要注意的要点。

宠物医生正在教猫奴如何使用皮下点滴。

1. 水分摄取

　　患有慢性肾病的猫咪，因为肾脏无法有效地留住水分，很容易出现脱水，因此水分的摄取对患有慢性肾病的猫咪而言十分重要。因为猫咪较常通过食物获取水分，所以相较于单纯地喂给它们干粮，配合提供湿粮是更为理想的方式。

2. 适量且高品质的蛋白质

　　饮食中过高的蛋白质含量与其中的磷会对已患病猫咪的肾脏造成负担，导致高血磷并加重氮质血症，进而引发更多并发症。但过低的蛋白质含量又无法保证猫咪所需的蛋白质，进而可能导致猫咪的肌肉流失与更严重的氮质血症，因此目前的建议是为猫咪选择含有适量且高品质蛋白质的饮食。

3. 低磷饮食

当猫咪发生慢性肾病时，限制其饮食中磷的含量能够减少肾脏的负担、降低对肾脏可能的损伤，提升猫咪的生活品质。倘若已经选用相关的低磷饮食，血液中的磷离子含量仍处于高值，则可以配合使用降磷药。常见的降磷药有多种，用法都是将降磷药物混合到每餐的食物中，通过减少胃肠道对磷的吸收，达到控制血磷的目的。

虽然对于患有慢性肾病的猫咪的饮食存在许多建议，市面上也有处方产品可以使用，但饮食的最终决定权还是归于猫咪。因此，只要是猫咪愿意吃的食物就是最好的食物。其他协助猫咪进食的方式，除了促进猫咪的食欲外，还有放置食道饲管，可借此方式给予猫咪水分与适当的营养。

 猫奴笔记

■ 在水分摄取的控制上，经常会遇到流失速度赶不上补充速度的情况。当出现脱水状况时，通过皮下点滴的辅助，能有效地帮助患病猫咪补充水分，维持正常的体液循环。
■ 患有慢性肾病的猫咪经常会有食欲不佳的状况出现，此时猫奴除了提供必要的治疗及支持外，必要时还可以给予促进食欲的药物，帮助猫咪维持正常的热量摄取。倘若药物没有效果，为了维持猫咪的生活品质，建议考虑使用食道饲管，避免强迫灌食。

猫奴正在为装置食道饲管的猫咪进行灌食，相关操作较为友善和简单。大多数猫咪都非常易于接受食道饲管的放置与使用。

经常呕吐——猫的慢性肠胃疾病
借由饮食与药物得到良好的控制

呕吐是猫咪生病时常见的症状，如果有相关的慢性胃肠道问题，通常需要进行详细的检查。检查中，首先要排除其他系统性问题，然后再做系统的肠胃检查，一般应包含腹部超声检查，有些疾病甚至需要采样才能确诊。所幸许多慢性胃肠道问题在确诊后可以借由饮食与药物得到良好的控制。

我们常常听到猫奴说，猫咪会不定时地呕吐，或是有长期软便的现象，这种状况如果持续超过 3 周，即属于慢性疾病问题。慢性胃肠道疾病的症状包括：呕吐、下痢、食欲不振，甚至体重减轻。以上症状可能时好时坏。造成猫咪慢性胃肠道疾病的因素很多，例如，吐毛球、肾病、慢性胰腺炎、甲状腺功能亢进、食物过敏、弥漫性肠炎等，因此检查的过程可能需要持续一段时间。

检查过程

一般来说，在理学检查结果没有明显的问题后，首先要进行血液检查、尿液检查及粪便检查来排除消化系统之外的疾病（例如，肾病、甲状腺功能亢进等中老年猫高发疾病），以及体内寄生虫等。一般例行的血液检查包括：

全血细胞计数、血生化检查、总甲状腺素检查。大多数时候，宠物医生也会将胰腺炎筛查及粪便检查加入检查项目中，以确认有无胰腺炎及排除寄生虫、原虫感染等问题。

倘若初步检查都没有问题，猫咪的食欲、体重与精神皆没有受到影响，则可以在进行影像学检查之前，先尝试进行饮食控制。饮食的选择大致可以分为 3 大类。

 猫奴笔记

简易检查流程

■ 理学检查。

■ 血液检查、尿液检查、粪便检查。

■ 影像学检查：腹部超声检查为主。

■ 采样。

1. 低渣饮食

顾名思义，低渣饮食就是很好消化、产生粪便很少的饮食，例如，某些胃肠道处方饮食、水煮鸡胸肉等，不过水煮鸡胸肉不是均衡的饮食，只能短期食用。有些肠胃比较敏感的猫咪，或许可以借由单纯的低渣饮食来进行长期的症状控制。

2. 水解蛋白饮食

水解蛋白饮食利用水解蛋白技术，将大分子的蛋白质分解为较小分子，以降低引起动物免疫反应的可能性。这种饮食可以减轻过敏性肠道的炎症与不适，尤其适合食物过敏的猫咪，可以帮助其长期控制症状。

3. 新蛋白饮食

猫咪的食物过敏，通常是对蛋白质过敏。新蛋白是指猫咪个体尚未接触过的蛋白，新蛋白饮食通常是使用少见的肉类，比如兔肉、袋鼠肉、鳄鱼肉等制作的饮食。因为尚未接触过，新蛋白引起免疫反应的可能性较低，与水解蛋白一样适用于食物过敏的猫咪，如果饮食营养均衡，可用于症状的长期控制。

 猫奴笔记

选用饮食时建议与宠物医生讨论，以免选错饮食而没有成效。

饮食调整选项

- 低渣饮食。
- 水解蛋白饮食。
- 新蛋白饮食。

调整新的饮食后需要至少 2 周的时间进行饮食测试。在这段时间里，猫咪只能吃单一饮食，不能有其他零食，也不建议使用补充剂，以免其中含有引起免疫反应的蛋白。饮食测试的结果可能是症状几乎消失、减轻或没有改善。如果是症状几乎消失，那么可以使用该均衡饮食进行长期控制；如果是症状减轻，建议持续使用该饮食，并考虑进行下一阶段的诊断与治疗；如果症状没有改善，建议直接进行下一阶段的诊断与治疗。

一般来说，饮食控制之后是影像学检查，完整的腹部超声检查可以检查猫咪肠道的结构分层、腹腔淋巴结大小及其他腹腔脏器，包括胰脏、肝脏、胆囊等是否有异常。影像学检查通常无法给出最终的诊断结果，但可以帮助我们获得更为准确的诊断信息，并帮助我们选择后续可能需要采样的部位。然而，腹部超声检查是一种很依赖技术的检验方式，因此，并非每家宠物医院都能提供全面的腹部超声检查。

在某些情况中，我们可能需要对特定部位采样才能确诊，采样的方式包含细针针吸活检（Fine-Needle Aspiration）、精确穿刺活检（Tru-Cut Biopsy）、内镜取样、手术取样。以上这些采样方式各有利弊，需要根据每只猫咪的具体状况与影像学检查结果选择合适的方式。

慢性胃肠道疾病的常见原因

1. 猫食物过敏症（Feline Dietary Hypersensitivity or Food Allergy）

猫食物过敏症有可能引起皮肤瘙痒，也有可能引发慢性胃肠道疾病。针对食物过敏，需要根据"饮食排除测试"（参阅第 84~89 页）进行诊断。

2. 猫炎症性肠病（Inflammatory Bowel Disease，IBD）

猫炎症性肠病是一种肠道持续性发炎的疾病，病因尚不清楚，目前推测的病因有：

- 免疫系统对食物中的某种物质过度反应；
- 免疫系统因肠道中的不正常菌群产生持续反应；
- 免疫系统对肠道中的常居菌群过度反应。

腹部超声检查可能发现肠壁有增厚的现象，有时候还会伴随淋巴结肿大。治疗方法包括：调整饮食、补充维生素 B$_{12}$、使用类固醇和其他免疫抑制剂以及适当的抗生素。治疗效果以改善临床症状为主。

3. 胃肠道淋巴癌（Gastrointestinal Small Cell Lymphoma）

猫咪的胃肠道淋巴癌是一种癌化的 T 淋巴细胞浸润肠壁的疾病，因为是弥漫性的浸润，其腹部超声影像与猫炎症性肠病（IBD）相似，临床症状也相仿，因此这两种疾病很难区分。目前的主要诊断方式是把传统组织病理学与免疫组织染色结合起来，这意味着需要内镜取样或手术取样获得样本来制作组织切片，才能进一步诊断。

猫咪胃肠道淋巴癌的治疗方式与猫炎症性肠病的治疗相似，包括调整饮食、补充维生素 B$_{12}$、使用类固醇及免疫抑制剂，例如，苯丁酸氮芥（Chlorambucil）。早期胃肠道淋巴瘤的治疗也可以适当地使用抗生素，治疗效果也与猫炎症性肠病一样，以改善临床症状为主。虽然胃肠道淋巴癌属于癌症，但它的预后不差，先前有研究指出，患病猫咪的中位生存期为 22 个月，近年来的研究则发现，有些没有症状的老年猫，因为其他原因过世后，在尸检的过程中才意外发现患有这种疾病，这意味着猫咪或许可以跟这个疾病共存许久。也有人推测，胃肠道淋巴癌可能是猫炎症性肠病的延续。

4. 慢性胰腺炎

慢性胰腺炎的可能致病原因可以分为几大类。

- **自发性（Idiopathic）**：也就是病因不明的。
- **感染性**：一般由胰管的上行性感染导致，且因为胰管与胆总管由同一出口进入十二指肠，因此感染后，常常同时并发胰腺炎与胆管炎。
- **三腺炎（Triaditis）**：三腺炎指肠道、胰腺、胆管同时发炎，这样的情形大多发生在猫咪患有猫炎症性肠病时。

胰腺炎的治疗没有特效药，需找到病因后针对病因进行治疗，例如，病

因为感染时，治疗方式为适当给予抗生素。在胰腺炎的治疗中，支持疗法是很重要的组成部分，包括：输液治疗、止痛、止吐、促进食欲或其他营养补充的方式、补充维生素 B_{12} 等。治疗慢性胰腺炎也可能使用类固醇。

长期目标

造成慢性症状的胃肠疾病很多，应逐步检查以得出准确的诊断或鉴别诊断，才能给予适当的治疗。在上述提到的几种疾病的治疗中，调整饮食与补充维生素 B_{12} 都包含在治疗计划中，但它们都属于辅助性的治疗措施，很多时候，单纯调整饮食并不能明显地改善症状。虽然慢性胃肠道疾病很少有紧急的状况，但长期来说，会造成猫咪食欲不振、体重下降、营养不良，最后还有可能并发其他问题，因此猫咪如有相关症状，还是建议及时检查、治疗与追踪！

猫奴小教室

慢性胃肠道疾病的常见原因

- 食物过敏症。
- 猫炎症性肠病。

- 胃肠道淋巴癌。
- 慢性胰腺炎。

宠物医生正在用腹腔内镜取样。

猫咪痛但是
猫咪不说

　　猫咪天性为独居的猎人，在野外主要以捕食小型哺乳类动物为生，同时也要躲避掠食者的捕食，在这样的环境中，猫咪为了生存逐渐变得善于隐瞒自己的疾病或疼痛，以免被掠食者发现。演化至今，这样的天性并没有消失，猫咪仍然有隐瞒疾病与疼痛的习惯。在生活中，家猫这样的天性让猫奴不容易发现猫咪的异常，等到发现时疾病往往已经非常严重了。因此，不进行定期的健康检查，而只是根据猫咪的外观评估其是否存在疼痛与不舒服的情况是相对困难的。

　　随着对动物疼痛管理的日益重视，人们逐渐研究开发出了一些与猫咪疼

痛相关的评估工具。不过猫咪的疼痛行为有时候很难与焦虑害怕的行为区分开来，因此猫咪的疼痛评估一般来说相较于狗狗要困难得多。经过验证的评估工具可以为我们提供较为客观、量化的信息，帮助猫奴在家自行进行猫咪疼痛评估，例如，格拉斯哥（Glasgow）猫咪疼痛评估量表就是宠物医院经常用到的疼痛评估工具。格拉斯哥猫咪疼痛评估量表除了根据观察到的猫咪的姿势反应进行评估外，还根据猫咪的脸部表征进行评估，是个相当实用的工具。

格拉斯哥猫咪疼痛评估量表

编号	项目	猫咪的反应		分数
1	观察声音	安静 / 呼噜 / 喵叫		0
		哭叫 / 吼叫 / 尖叫		1
2	观察行为	放松的		0
		舔嘴唇		1
		无法休息 / 畏缩在角落		2
		身体紧绷 / 趴蹲		3
		身体僵直		4
3	当身上有伤口时	忽略任何伤口或疼痛位置		0
		持续注意伤口		1
4	选择与猫咪实际状况相似的耳朵位置	耳朵竖起、有精神		0
		耳朵稍微下垂		1
		耳朵垂成平行		2
5	从头部向尾部触摸	对抚摸有反应		0
		无反应		1
		具侵略性		2

编号	项目	猫咪的反应		分数
6	选择与猫咪实际状况相似的鼻口位置	上唇丰润		0
		上唇稍扁平		1
		上唇成一直线		2
7	温柔地轻压伤口或疼痛区域周围 5 cm 的位置；若没有疼痛区域，则轻压后肢膝盖以上的位置	无任何反应		0
		甩尾 / 耳朵下折		1
		哭叫 / 哈气		2
		吼叫		3
		咬 / 出爪		4
8	观察猫咪的情绪	开心及满足的		0
		对周遭无兴趣的 / 安静的		1
		焦虑的 / 害怕的		2
		呆滞的		3
		沮丧的 / 生气的		4

总分：20

第 6 章

老年猫期

维持生活品质的重要阶段

对于身处此阶段的猫咪，除了控制慢性疾病，更重要的是维持生活品质。猫奴应了解猫咪的需求，以帮助它们获得更舒适的生活。

无法跳高了——退行性
关节疾病与环境调整
关节炎不但会造成疼痛，还会影响生活品质

完善的退行性关节疾病控制中，除了疼痛管理外，改善环境也是不可或缺的一环，近年来愈来愈受到重视。复健治疗也是近年来备受瞩目的领域，为退行性关节疾病的疼痛控制提供了更多元的治疗方式。

退行性关节疾病对于老年犬造成的影响，包括疼痛与生活品质的降低，这一点为大家所熟知，反观退行性关节疾病对于猫咪的影响，大家的认知相对有限。根据近 10 年的研究，退行性关节疾病的 X 线影像变化其实在猫咪中较为常见，甚至在年轻猫咪中也可见到 X 线影像的变化。

猫咪善于隐瞒疾病的天性及大家对猫咪退行性关节疾病认知的不足，使这种疾病对猫咪生活品质的影响在过去并不为人所熟知。随着医疗水平的进步和大家对猫咪护理的进一步了解，很多猫咪都能活到甚至超过 20 岁。猫咪的老年护理在医疗中的重要性也在逐年上升。我们应该更关注退行性关节疾病对猫咪生活的影响，以预防疼痛，改善老年猫咪的生活品质。

退行性关节疾病的临床表现

狗狗退行性关节疾病的常见症状是跛行、行动缓慢等，但猫咪的症状通常不太容易辨识。由于大多数患有退行性关节疾病的猫咪只表现出轻微的症状，且猫咪擅于隐瞒其身体的不适，因此猫咪的退行性关节疾病很容易被猫奴忽略。患有退行性关节疾病的猫咪常见的症状包括：不愿或无法跳上家具或由高处跳下；经常不愿移动，猫奴对猫咪日常状态的一般描述为"常常在睡觉"；在猫奴触摸、抱起或移动猫咪时，它们可能会有些激动、反抗或不开

 猫奴笔记

退行性关节疾病的症状

- 互动行为异常：互动减少、躲藏、易怒，被触摸或抱起时会不开心。
- 睡眠与休息状况改变：休息时间减少，无法找到舒适的姿势或位置，采用不寻常的姿势，也有可能增加休息时间。
- 食欲下降：通常只是降低，并非完全不吃。
- 姿势异常：拱背、低头、不正常的坐姿或趴姿；有疼痛的表情，比如眯眼。
- 理毛习惯改变：变得不爱理毛但会在疼痛的位置过度理毛、磨爪，毛发打结不顺。
- 如厕习惯改变：大便的次数减少，在不正常的位置如厕，无法轻松地进出猫砂盆。
- 玩耍次数减少：减少玩耍，减少跳跃。
- 叫声改变：不愉悦的叫声增加，打招呼与愉悦的叫声减少，碰触疼痛位置时会哈气。
- 机动性降低：跳跃频率降低，跳跃前会迟疑，爬上爬下吃力，眯眼睛，四肢僵硬，活动能力降低，进出猫砂盆可能有困难，选择容易到达的地方休息睡觉。

心，尤其是当猫奴触碰到受影响的关节周围时；走路时，四肢有些僵硬；不愿意磨爪，不愿意理毛；进出猫砂盆时显得吃力。当然，患有退行性关节疾病的猫咪可能只表现出部分症状，并非一定表现出上述所有症状。

退行性关节疾病的治疗与控制

退行性关节疾病的症状大多是不可逆的，治疗的目标是通过减轻疼痛和不适来改善猫咪的生活品质，并延缓疾病的进程。对于患有退行性关节疾病的猫咪，可以从改善其生活环境着手，以改善其生活品质，让猫咪可以轻松地走动、爬到高处，并缓解疼痛。

1. 改善猫咪生活环境的建议

● 提供"阶梯"，让猫咪可以爬到喜欢的高处休息、看风景。

● 提供入口较浅且较大的猫砂盆，若是多层房屋，每个楼层都应放置一个猫砂盆。

● 将食物与水盆放置在猫咪容易到达与获取的位置，并应在不同的位置放置多个；水与食物应该分开摆放。

● 可以将食物与水盆稍微抬离地面，方便猫咪不用低头即可获得食物与饮水。

● 鼓励猫咪做温和的运动，以保持关节活动幅度和肌肉张力；鼓励猫咪使用玩具和食物做一些温和的游戏。

另外，控制体重。帮助猫咪保持健康的体态，对缓解退行性关节疾病所造成的疼痛是非常有帮助的。一般而言，正常体态的猫咪也会更愿意活动，以维持灵活性与肌肉量。

2. 使用药物给予良好控制

　　退行性关节疾病是慢性疾病，治疗与管理也是长期的，随着疾病的发展，可能需要使用药物控制病情、缓解疼痛，或是改变原本使用的药物的剂量。美国动物医院协会／美国猫科医生协会的疼痛管理指南建议重复对病患进行疼痛评估。我们可以通过对老年猫咪每半年一次的定期检查，以及教授猫奴在家中评估猫咪状况的方法，配合电话或电子邮件进行追踪，确保猫咪的疼痛得到良好的控制。

猫咪的长期止痛药物的选择有限，非甾体消炎药（NSAIDs）用于猫咪慢性疼痛治疗的相关研究仍在进行。最近的研究提到，长期使用非甾体消炎药美洛昔康（Meloxicam）有可能导致猫咪出现急性肾损伤，因此美国食品药品监督管理局（Food and Drug Administration，FDA）发出警告，指出该药物只能一次性用于猫咪，不建议长期使用。FDA 最近批准了欧息疼®（Onsior®）的非甾体消炎药罗贝考昔（Robenacoxib）的短期（3 天）使用权限。非甾体消炎药对于缓解猫咪的慢性疼痛是非常有效的。然而，目前我们缺乏可以长期用于猫咪的非甾体消炎药物。

其他常用于退行性关节疾病的止痛药物如下。

● 曲马朵（Tramadol）：类吗啡药物，但没有任何吗啡常见的副作用。单独使用或与其他药物合并使用的效果都不错。少数情况下，它可能引起便秘或呕吐。

● 加巴喷丁（Gabapentin）：是一种能够有效缓解疼痛的止痛药物，在与其他止痛药一起使用时，通常可以减少其他药物的使用剂量。在人体医学中，它被用于治疗神经性疼痛和癫痫；在用于猫咪时，加巴喷丁可以用作缓解早期退行性关节疼痛的单一药物。

● 金刚烷胺（Amantadine）：一种止痛药，可阻断神经通路的疼痛感。作为单一药物的效果不显著，但可以增强其他止痛药物的止痛效果，因此常与其他治疗药物一起使用，作为全方位止痛计划的一部分而存在。

有些宠物医生会建议注射"软骨保护剂"，比如思诺瓦®（Synovan）®和戊聚糖®（Pentosan®）。即便目前缺乏强有力的科学实证，但仍有证据表明，这些药物可能可以促进软骨修复，帮助减缓软骨损伤，在关节修复的其他方面提供帮助，并刺激关节产生更多的关节润滑液，而且这些产品都相对安全，因此被愈来愈广泛地使用。

3. 保健食品

退行性关节疾病的处方饮食，是经过专门配制以控制与退行性关节疾病相关的不适，并延缓疾病进程的一种饮食，此类处方饮食，包括皇家®维持关节灵活性处方粮（Mobility）和希尔思® j/d®关节护理处方粮，大多能通过宠物医生获得。

市面上有许多口服的关节保健品，可能含有氨基葡萄糖（Glucosamine）、软骨素（Chondroitin）、天然绿唇贻贝、玻尿酸、二甲基砜（MSM）以及来自鳄梨和大豆的非皂化物。这些产品皆声称可以减轻关节疼痛。

大多数的关节保健品都声称可以通过增强软骨和减少炎症反应来改善关节健康，然而，其中仅少数保健品有较多的研究佐证，大多数保健品的研究不够充分。这些保健品没有太多的使用禁忌，是相对安全的，因此一些宠物医生会建议患有退行性关节疾病或存在风险的猫咪使用动物专用的关节保健品。

4. 其他治疗方式

复健治疗近年来在宠物医疗领域中快速发展，经过认证的复健宠物医生可为慢性关节疾病提供多种治疗方式，也可以为动物量身定制治疗计划。这些治疗计划包括但不限于激光治疗、水疗、超声治疗和徒手治疗。在复健治疗中，针灸也可以用来缓解疼痛。

实验性的治疗方法包括：干细胞疗法和富血小板血浆（PRP）注射，但目前的数据有限，还需要进一步的研究。

结论与建议

猫咪的退行性关节疾病属于进展性疾病，并且可能演化成衰竭性疾病。最近的证据显示，很多猫咪都会受到退行性关节疾病的影响，尤其是随着猫咪年龄的增长，相关疾病的发生概率也随之增加。宠物医生能帮助诊断和治疗退行性关节疾病，以改善猫咪的生活品质。

对于退行性关节疾病，一般需要完整的行为史与生活形态、理学检查，可能还需要 X 线检查，才能做出最后的诊断。宠物医生若能帮助猫奴知晓猫咪患上退行性关节疾病的可能性，并教授猫奴辨识猫咪潜在疼痛和不适迹象的方法，使猫奴成为更敏锐的观察者，对猫咪的疼痛评估与老年护理都会很有帮助。如果猫奴知道退行性关节疾病很有可能会随着猫咪年龄的增长而渐趋严重，也知道猫咪的年龄不再是造成肌肉消瘦、不愿理毛和脾气暴躁的唯一原因，就更容易发现问题并及时采取行动，提前改善家中猫咪的生活环境以维持其生活品质。

大家可以通过对退行性关节疾病的认识与了解，在患病早期及时发现猫咪的不适，避免它们长期忍受疼痛，以至于其他问题接连产生，如此才能提升老年猫咪的生活品质！

 猫奴笔记

退行性关节疾病的管理重点
- 改善环境：提供"阶梯"、入口较浅的猫砂盆等。
- 控制体重。
- 使用止痛药物。
- 添加保健食品。
- 复健治疗。

关节疼痛的猫咪，因为没有阶梯或额外的踏阶，
无法顺利到达高处，只能在地上沮丧地来回走动和吼叫。

行为改变与异常——
认知功能障碍
面对猫咪的老化，为认知障碍做好准备

猫咪老化时跟人一样，可能出现大脑的认知功能衰退。行为改变常常是最先被察觉到的，但确诊并不容易，通常需要排除其他常见疾病与问题，加上相符的临床症状，才能做出"认知障碍"的推定诊断。猫奴可以调整环境及饮食，必要时配合宠物医生的指示，使用相关药物控制病情，才能减缓退化，改善猫咪的生活品质。

在动物医疗发达的今日，猫咪的寿命得以延长，家猫的年龄经常可以达到甚至超过 15 岁，然而猫咪在其老年阶段，经常伴随着身体机能的退化及疾病，其中一项就是由衰老引起的大脑"认知功能衰退"。认知能力包括学习、记忆、注意力、空间辨识等，"认知功能障碍"（Cognitive Dysfunction Syndrome, CDS）发生在人身上时有许多其他别称，比如衰老、痴呆等。

认知功能障碍发生时，会出现许多行为上的异常与改变。然而某些疾病发生时，也可能出现与认知功能障碍相似的异常行为，因此，如果观察到家中的老猫出现行为异常，请务必先带它到宠物医院进行检查，确认有无其他疾病发生。当所有可能的疾病都被排除后，才可以对认知功能障碍进行确诊。

与认知功能障碍有关的行为改变如下。

1. 空间认知障碍

不清楚自己在哪里、被困在某个角落、忘记猫砂盆的位置。

2. 时间认知障碍

对目前的时间感到困惑、忘记喂食时间。

3. 作息改变

平常睡觉、活动的时间发生改变。

4. 如厕习惯改变

在家中不正常的位置上厕所。

5. 异常地发出声响

夜晚时会大叫、大哭。

6. 改变与猫奴或其他宠物的互动与关系

吸引注意的行为增加，可能会出现攻击性行为。

7. 行为改变

易怒、焦虑、反应能力降低。

8. 学习与记忆的改变

忘记以前学过的指令，忘记曾经学过的猫砂盆训练。

9. 活动能力的改变

活动能力下降、无目的地来回走动。

10. 舔毛行为减少

 猫奴笔记

■ 若发现猫咪出现疑似认知功能障碍引发的行为改变时，请务必前往宠物医院检查与诊断，以确认导致这些行为改变的原因。

环境及饮食调整

猫咪使用互动喂食器

对于出现认知功能障碍的猫咪，我们可以通过增加环境的丰富性来帮助它们，例如，添置更多的玩具、使用互动喂食器、提供气味上的刺激，增加陪伴猫咪互动的时间，提供可以躲藏的地方，以及设置舒适且安全的垂直空间。这类方法能增强对猫咪大脑的刺激，促进猫咪脑神经细胞的生长与存活，增强猫咪认知能力。要循序渐进地调整环境，不要一次改变过多、过快，避免猫咪因为无法适应环境的快速变化而感到挫败。在使用互动喂食器时尤其需要注意，若猫咪从来没有用过，建议缓慢地引入，从简单的互动喂食方式开始。

在饮食方面，选用富含抗氧化物质的食物可能对患有认知功能障碍的猫咪有帮助，因此对于处于老年阶段的猫咪，可以考虑更换上述饮食，或是选用相关的抗氧化补充食品。同时使用两者也对猫咪有所帮助。

严重的认知障碍

如果猫咪出现多种认知功能障碍的症状，可能代表猫咪的认知能力已有相当幅度的下降。此时，猫咪无法如从前那般轻松地适应新环境及环境的改变，贸然改变可能会使猫咪感到压力与紧张，因此在调整环境时，应尽量小幅度且缓慢地进行调整。另外，对病情严重的猫咪可以考虑以下做法：将猫咪单独饲养在资源充足且独立的小空间中，这样猫咪会有较强的安全感，可能对其病情控制咪有帮助。

 猫奴笔记

能够帮助中老年猫、老年猫生活更便利、更不容易感到挫败及压力的环境调整方式：

■ 避免把食物、水摆放在过高的位置，年纪较大的猫咪可能无法顺利到达；也可以提供宠物阶梯给猫咪使用。
■ 把食物与水放在稍微高于地面的位置，让有关节炎的猫咪可以容易获得，同时把食物与水分开摆放。
■ 提供多个可以舒服休息的床垫及位置，也可以考虑提供加热垫。
■ 改用入口高度较低的猫砂盆，让可能患有退行性关节疾病的猫咪更容易进出及使用。
■ 提供安静、不会被打扰的空间，让猫咪可以安心地休息。
■ 避免在中老年猫、老年猫阶段引进新的猫咪，这可能会让猫咪非常紧张。
■ 使用领地相关的信息素产品，以帮助有认知功能障碍的猫咪。

资源齐备且独立的小空间

药物治疗

目前经常用于治疗猫咪认知功能障碍的药物包括：抗焦虑药物、抗抑郁药物；也有减缓疾病进程的药物，比如司来吉兰（Selegiline）。不过截至目前，没有任何药物被正式核准可以用于治疗猫咪的认知功能障碍，多数药物以超药品说明书用药为主，所以使用药物前务必咨询宠物医生，切勿自行用药。

 猫奴笔记

■ 目前，猫咪的认知功能障碍无法被治愈，但可以通过调整环境、饮食及使用药物辅助治疗，减轻症状并减缓认知功能障碍的发展进程。

有认知功能障碍的猫咪，可能会对着无人的空间异常狂叫。

愈来愈瘦的身躯——
癌症护理
了解癌症，与猫咪一起面对

　　癌症发生的原因众多，癌症也有多种不同的类型，通常需要通过采样的方式确诊。根据癌症的类型、病程的分期，通常会有不同的建议治疗方式。一般来说，手术切除是最有机会治愈的一种方式，倘若无法手术切除，我们的目标就是通过化疗、放疗或支持疗法来维持猫咪的生活品质。

　　肿瘤是因为身体中的细胞失去正常功能，而持续分裂生长形成的。大多数情况下，肿瘤细胞会形成肿块。肿瘤可以粗略地分为良性肿瘤与恶性肿瘤，良性肿瘤的肿瘤细胞不会转移到身体其他位置，也没有侵略周遭组织的能力；相反地，恶性肿瘤的肿瘤细胞会侵入周遭健康组织，并且可能转移到身体其他位置，通常是通过血液循环或淋巴系统进行转移。癌症则是起源于上皮组织的恶性肿瘤。

　　恶性肿瘤因为具有侵略性，相较于良性肿瘤来说是更为严重的疾病，治疗也相对困难。整体来说，猫咪罹患肿瘤的概率比狗狗低，大约是狗狗的一半。然而，猫咪罹患恶性肿瘤的概率比狗狗高得多，通常是狗狗的 3 ~ 4 倍，因此，猫咪罹患肿瘤后的症状可能更严重。猫咪最常发生肿瘤的位置包括皮肤、口腔、胃肠道和乳腺，也常因白细胞异常而发生白血病和淋巴癌。

癌症类型

癌症的种类很多，一般我们根据肿瘤细胞的来源将癌症分为以下几类：上皮细胞癌、恶性肉瘤和圆形细胞癌。上皮细胞癌和恶性肉瘤一般是由不同组织构成的实体肿瘤，圆形细胞癌则源于与造血或免疫相关的组织，包含骨髓、淋巴结、脾脏等器官。圆形细胞癌存在多种形式，例如，癌细胞出现在血液中的白血病和有实体肿瘤的淋巴癌等。

猫咪的癌症种类繁多，以下列出的是最常见的几种。

- 淋巴癌。

- 鳞状上皮细胞癌。

- 基底细胞瘤。

- 肥大细胞瘤。

- 乳腺癌。

- 纤维肉瘤。

- 腺癌／上皮细胞癌。

- 骨肉瘤。

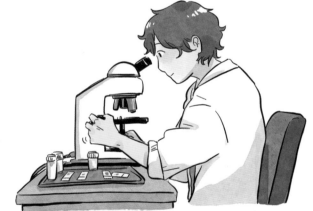

造成癌症的原因

个体猫咪罹患癌症的原因通常是无法确知的，且同一种类型的癌症也可能因为不同的原因形成。以下是可能引发癌症的原因。

1. 遗传

跟人类一样，基因有可能让个体较容易罹患某种癌症，但是猫咪这方面的相关研究较少。

2. 环境与饮食

在猫咪的一生中，它们会接触到一些造成细胞中遗传物质（比如DNA）受损的事物，包括紫外线、致癌物等。遗传物质的受损可能会随着时间的累积，最终导致癌症的形成。然而，在大多数的案例中，潜在因子与诱因仍然不清楚。

3. 病毒感染

我们知道，有些病毒感染可以导致猫咪患癌的概率大幅提升。猫白血病病毒是大家最为熟知的，在台湾，猫白血病较常见于流浪猫。猫咪遇到白血病病毒时，其骨髓中的造血细胞可能会被感染，最终引发白血病或淋巴癌。不过，随着近年来筛查与疫苗的广泛应用，猫白血病病毒的感染已大幅减少。同样属于反转录病毒[1]的猫免疫缺陷病毒，又称猫艾滋病毒，也被发现会增加猫咪罹患癌症的可能性。研究发现，感染猫白血病病毒的猫咪罹患淋巴癌的可能性增加了50倍，而感染猫免疫缺陷病毒的猫咪则增加了5倍。

当我们发现家中的猫咪患癌时，难免会觉得，自己是不是做错了什么。是不是预防不到位？这是很正常的反应，但要记得，在大多数案例中，我们都无法得知肿瘤产生的确切原因，因此，对于肿瘤的预防也无从着手。

癌症的临床症状

癌症可能发生在身体的任何部位，因此，癌症的临床症状取决于哪个或哪些器官受到影响。癌症通常需要一段时间的发展，而初期的症状可能非常模糊，例如食欲下降、精神不佳、体重减轻等，其他症状可能包括皮肤出现肿块、无法解释的出血、伤口难以愈合等较为明显的症状。

注1：反转录病毒是RNA病毒的一种。

一般来说，年龄较大的猫咪，发生癌症的概率较大。这些猫咪同时患有其他疾病的可能性也较高，因此，临床症状会变得更加无法预测。随着癌症的发展，也可能出现其他并发症；根据受到影响的器官与系统的不同，即便是相同的癌症，也可能有不同的临床表现。不论如何，及早发现、及早治疗仍然是最重要的，如有异状，建议尽早咨询宠物医生。

如何诊断癌症

根据猫咪的过往病史与临床症状进行初步评估后，猫奴或宠物医生可能会怀疑猫咪患了癌症，但大多时候仍需要进一步的检验才能确诊。

全面的检查可能包括 X 线检查、超声检查、血液检查、尿液检查等。确诊癌症通常是需要采样的，常见的采样方式包括细针针吸活检、粗针穿刺活检和手术取样。不同的采样方式的优缺点如下。

1. 细针针吸活检

这是最不具侵略性的采样方式，通常进行轻微的镇静后即可进行。如果是皮肤肿块，在诊间即可对一些猫咪进行采样；对于体内的肿块或脏器，一般可以利用超声引导细针针吸活检。其缺点是取得的样本为细胞学样本，有可能因为细胞数过少或是没有采到癌细胞而无法确诊。

2. 粗针穿刺活检

这是使用穿刺针（很粗的针）采样的方式，一般需要对猫咪进行全身麻

猫奴笔记

■ 猫咪的癌症跟人类的癌症一样，越早确诊，越早开始治疗，预后越好。

醉。可对样本进行病理切片分析，该方式大多用于较大的肿块或是肝脏的采样，其缺点在于样本可能过小，且体内脏器、肿块在采样时如出现失血，一般较难控制。

3. 手术取样

这种方式可以细分为传统手术取样和内镜手术取样，二者各有利弊。手术取样相对来说更易获得代表性的样本，以进行病理切片分析，其缺点是需要全身麻醉，较具侵略性。

患有某些癌症（比如脑肿瘤）或体内的情况不明（比如肝脏肿块）时，可能需要更高级的影像技术 —— 断层扫描或磁共振，来协助宠物医生诊断或制订手术计划。

癌症分期

癌症分期是评估癌症病程与扩散程度的方法，同时可以检查猫咪是否有

其他并发症。癌症分期的评估通常包括以下方面。

1. 影像学检查

通过检查结果核验癌细胞是否转移至其他脏器，例如，肺脏、肝脏、脾脏等。

2. 淋巴结取样

细针针吸活检或手术取样，检查癌细胞是否出现在邻近的淋巴结中。

3. 血液检查

检查是否有并发症发生，以及确认猫咪身体状况可以承受何种治疗方式。

癌症的治疗

虽然得知自己的猫咪患癌是让人错愕且难以接受的事情，但猫奴也并非束手无策。目前有多种治疗方法可供选择，这些方法主要分为 4 类。

1. 手术

一般来说，手术是最有机会治愈癌症的方式，如果肿瘤能够被完全切除，就有治愈的可能。

2. 化疗（药物）

化疗的疗程差异较大：有的疗程非常密集，每周都有化疗的安排；也有的疗程较为松散，例如，每 3 周做一次化疗；还有的是在家吃药即可，比如靶向治疗。

3. 放疗

受限于设备与技术，目前在部分地区不常用于宠物。

4. 其他方式

某些特定的癌症，目前有较为特异的治疗方式，例如，用于犬黑色素瘤的疫苗。

　　某些情况下，猫奴可能会选择安宁疗护，通常采用的方式包括使用止痛药、止吐药与促进食欲药等。根据癌症的类型，也有可能使用类固醇或非类固醇抗炎药物，以达到缓解病情、维持猫咪生活品质的目的。决定采用何种治疗方式取决于多种因素，包括癌症本身（比如类型、位置）、病猫本身（比如身体状况、个性）、猫奴状况（比如财务状况、时间），以及当地宠物医院是否能够提供某种治疗服务等。

　　动物的癌症治疗与人类最大的不同在于，动物的癌症治疗目标是维持动物良好的生活品质。在许多情况下，适当的治疗即可有效改善罹患癌症猫咪的生活品质。癌症的治疗可能会有副作用，因此宠物医生会进一步解释可能的副作用，并提前预防，或是在副作用发生时做适当的处理。

　　我们可以在许多患有癌症的猫咪身上看到良好的治疗效果，但并非每只猫咪都适合密集的疗程。关于这方面的内容，建议猫奴与宠物医生详细讨论。

　　如果家里的猫咪正在使用化疗药物，建议做一些防护以保护自己与家人。许多药物在给药后 5~7 天会通过排泄物排出，一般建议在接受静脉化疗后的24~48 小时，或是口服化疗药物的 7 天内，将接受化疗的猫咪的排泄物视为污染物。在碰触化疗药物，以及猫咪的排泄物、呕吐物时，请记得戴好手套，做好防护。

 猫奴笔记

■ 猫咪被诊断患有癌症并不表示其被判了死刑，其实许多癌症都是可以治疗和控制的。

　　在癌症的治疗过程中，可能会有病情反复的情况，宠物医生会在这个过程中协助你与你的猫咪，一起面对治疗过程。

宠物医生正准备为猫咪背上的肿块做细针针吸活检。

说再见——
生活品质与安乐死
面对疾病与老化，我们都需要做好准备

即使现今的医疗水平提升，老化及慢性病同样会发生，面对无法治愈的疾病或病程的发展，宠物医生与猫奴都有责任避免让猫咪承受不必要的痛苦，通过对生活品质的评估，我们得以知道并预先为自己及猫咪做好准备。

猫咪跟人一样，随着年龄的增长，身体器官会老化、退化，患病的概率也会逐渐升高。感谢现在发达的动物医疗，让猫咪在疾病发生时，能够获得较之前更为理想的治疗。

但并非所有的疾病都能被治愈，毕竟医疗技术是有极限的，尤其是在发生慢性疾病或不可逆的问题时，治疗通常以控制及减缓疾病的病程为主，此时对猫咪及猫奴来说，最重要的是维持猫咪理想的生活品质。生活品质的评估应注重考量猫咪的感受。面对无法通过人类的语言与我们对话的猫咪，我们可以通过量化表格评估猫咪的生活品质，并根据评估结果加以改善。倘若猫咪正在面临或经受的情况，已经没有更好的且合理的解决方式，猫咪也饱

受痛苦和折磨，已无法有效维持生活品质，此时宠物医生与猫奴有共同的责任，让猫咪免于承受无谓的痛苦。选择让猫咪安详、庄严地离开，也许对猫咪与猫奴来说都是解脱。

生活品质的评估

猫咪的生活品质代表的是某个时间段猫咪的"生活状态"。生活状态包括猫咪经历中的正向经验及负面经验的平衡。生活品质良好的猫咪，应有许多正向经验以及极少量的负面经验。影响猫咪生活品质的因素包括猫咪在该时间段的健康状况、心理状态、生活环境，以及接触到的其他猫咪、动物和人类等。

评估猫咪的生活品质其实是相当困难的，我们需要了解猫咪的天性及个性化需求，再通过主观的观察来评估猫咪正在经历的生活。最常用的方式是通过生活质量（Quality Of Life，QOL）评估量表进行评估。此量表虽然有多种版本，但其模式大体是相同的，只是依据设计的问题不同而有不同的呈现形式。

猫奴笔记

■ 与人不同，猫咪并没有为了更好的明天而受苦的观念，它们只活在当下，因此我们需要意识到，它们当下的感受就是它们的生活品质。

小王子猫专科医院——猫咪生活质量评估量表

	非常同意（总是）（严重的）	同意（大部分）（显著的）	
不愿意玩	1	2	
对猫奴的出现变得没有反应	1	2	
不再享受以往爱好的活动	1	2	
躲起来	1	2	
行为举止改变	1	2	
看起来不享受生活	1	2	
不开心的日子多于开心的日子	1	2	
比以往更爱睡觉	1	2	
看起来呆滞且沮丧	1	2	
看起来在经历疼痛	1	2	
呼吸急促（甚至在休息时）	1	2	
发抖或是颤抖	1	2	
呕吐或是感觉恶心	1	2	
不太愿意进食（可能只吃零食或只接受手喂）	1	2	
不太愿意饮水	1	2	
体重减轻	1	2	
经常腹泻	1	2	
排尿状况不佳	1	2	
无法正常移动	1	2	
不像以往一样有活力	1	2	
有需求也不愿意移动	1	2	
需要猫奴帮忙才能移动	1	2	
排便后无法正常自理	1	2	
被毛油腻、无光泽且粗糙	1	2	
目前整体健康与刚发病/诊断时的比较	1（变差）	2	
目前的生活品质（以 X 标注）	劣质生活品质 25分 ←		

	中立 （有时候） （中等的）	不同意 （偶尔） （轻微的）	非常不同意 （从来没有） （完全没有）
	3	4	5
	3	4	5
	3	4	5
	3	4	5
	3	4	5
	3	4	5
	3	4	5
	3	4	5
	3	4	5
	3	4	5
	3	4	5
	3	4	5
	3	4	5
	3	4	5
	3	4	5
	3	4	5
	3	4	5
	3	4	5
	3	4	5
	3	4	5
	3	4	5
	3	4	5
	3	4	5
	3	4	5
	3	4	5
	3（一样）	4	5（变好）

优质生活品质

75分　　　　　　　　125分　→

宠物医生向猫奴解释生活品质评估量表的使用

什么是安乐死

安乐死的过程通常非常短暂，没有任何疼痛，操作方式为通过静脉注射过量的麻醉药物。猫咪会在注射后的几秒钟内失去意识，随后很快地、安详且无疼痛地离世。有时候，猫咪失去意识时会出现深呼吸、倒抽气的反应，在死亡后则会出现非自主的肌肉颤抖、尿粪漏出等情况。这些都属于正常现象，并不是因为猫咪尚未死亡或是疼痛所致。某些时候，猫咪会非常紧张，为确保整个过程是安稳、无压力且无疼痛的，宠物医生可能会先给予猫咪镇静药物，以确保静脉留置针的放置不会给猫咪带来压力。在宠物医生放置静脉留置针的过程中，可能会因猫咪的血管状况不佳而花费较长时间，在此期间，若我

们全程参与，应尽可能地保持冷静与安静，确保我们的情绪不会引起猫咪紧张，让整个过程可以安稳地进行。

为安乐死做好准备

　　每位爱猫的猫奴都有可能面临相关的问题，所以相关认知及准备是必要的。在为猫咪进行安乐死之前，宠物医生通常会花费足够的时间解说流程，以及如何确保整个过程平稳且无任何压力。在面对安乐死的选择时，请务必提前与宠物医生充分沟通，以确保每一个环节都是可以预期的。如有任何问题，也不要对宠物医生有所隐瞒，应直接沟通，让自己有足够的时间与准备去适应之后生活的变化。安乐死的选择没有对错之分，需要谨慎地评估猫咪的生活品质，"医患"双方达成共识，方能有良好的结果。

安乐死之后的步骤

安乐死之后，通常可以选择自行处理遗体，或交由相关殡葬业者处理。自行处理偏向在特定的地方土葬，而殡葬业者的处理方式较为多元，大部分为火化（主要区别在于是否需要保留骨灰），其他方式有树葬、海葬等。

健康猫咪的安乐死

有极少数的情况会因为猫奴需要搬家、家人对猫过敏、猫咪有无法解决的行为问题等而考虑对猫咪施以安乐死。通常都是由于猫奴确实没有任何办法，才会有这样的考量。在遇到这种难题时，宠物医生或许可以给予一些建议，以及协助送养这些猫咪。但对于某些特别的情况，虽然猫咪的身体可能是健康的，但是精神上却无法适应目前的生活方式与环境，比如正承受着精神压力或是处于病理性的精神状态，这些都有可能造成猫咪的生活品质低下且无法被接受，此时，安乐死可能是没有办法的办法了。

 猫奴笔记

■ 在为猫咪执行安乐死时，通常使用的麻醉药物为巴比妥（Barbital）类药物。此类药物为管制药品，切勿自行取得并使用。

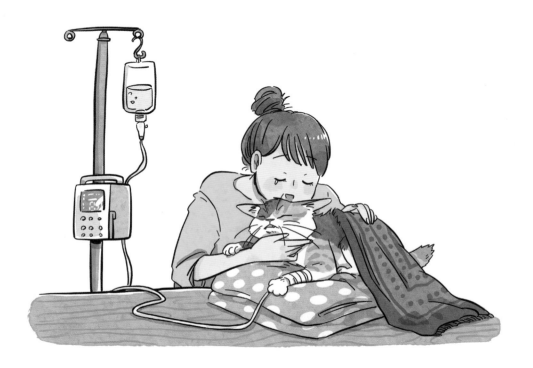

"你是妈妈最爱的猫咪，
在天堂就不会痛了，我的宝贝。"

谢谢——原谅自己
甜蜜的负担

从养猫的那一刻开始，我们就选择了与猫咪相依相伴、面对困难、最后面对死亡的道路，我们要学会陪它们走到最后，体会失去。

有人曾经说过，当我们成为一只猫咪的猫奴时，就注定了要为它送终。不论相伴路途长短，猫咪都将在我们心里留下印记。

从猫咪来到家中的那一刻起，它就成了我们甜蜜的负担。在知道如何做一个称职的猫奴前，我们就开始为猫咪张罗生活所需，为它做下许多的决定，包括与谁同住、吃什么食物、用什么猫砂、去哪家宠物医院、做哪些检查与治疗等。

当猫咪生病时，我们担心自己是不是有哪里做得不好，担心自己选择的医疗方案是否正确，担心是否有足够的金钱与时间维持猫咪的生活品质。这些都是正常的反应，也常常成为猫咪离开后我们无法释怀之处。

　　不论猫咪离开的原因为何，我们都希望它能多陪陪我们，虽然也免不了检讨自己是否可以做得更好，是否可以改变结果，甚至还会感到不公平，怨叹上天为何要带走自己心爱的宝贝。然而最终，我们还是要原谅自己。

经历悲伤

　　因为在乎，因为用心对待过，所以悲伤。面对失去，悲伤是一种正常、自然且健康的反应，这个历程可以是一个自我探索与治愈的过程，我们也能从中学习成长，并化悲伤为力量。

有人说，悲伤可以分为 5 个阶段，然而，悲伤是十分个人化的历程，并没有固定与明确的恢复时间。在这期间，我们需要学会照顾自己，学会寻求协助；允许自己消沉，但也要适时地放下。

原谅自己

走出悲伤、原谅自己常常是一瞬间的事，虽然我们免不了有很多后悔的事，我们都希望可以重新来过，然而，如果一切都以结果论事，那我们的一生免不了充满懊悔。很多时候，我们只能根据当下的状况做出当时认为最好的决定。再者，每个人的情况不同，无从比较，只要我们凭借自己有限的能力做到我们能做的，也就足够了。

我想没有哪一个爱我们的灵魂，会希望我们一直悲伤下去的。原谅自己需要勇气，为了我们心爱的宝贝，为了更多可以帮助的猫咪，我们需要勇气。

寻求协助

你可能很聪明、很有能力，但我们都不是超人，我们都有脆弱的时候。面对悲伤，你可以哭泣，也不需要很勇敢地走出来，但要记住，你并不孤单。如果悲伤太久，悲伤太过沉重而无法正常生活，记得寻求帮助；如果你无法放下自己，那就让别人将你抱起吧！

我们只是踏上另一段旅程而已！